卡耐基全集 08

写给女人
一生幸福的忠告

【美】戴尔·卡耐基 / 著

张慧 / 译著

九州出版社
JIUZHOUPRESS

原著序

我在美国许多地方都演说过，也曾邀请美国各行业的人物演讲。这些人当中有大公司的经理、商业协会的主席、科学家、心理学家，还有秘书、工人、面包供应商和威士忌酒销售人员。这些人由平凡走向成功，最终在各自的行业中小有名气。当然，他们中的大部分人并不是为了名声和利益前来演说，而是为了进一步完善自己、获得更加美好的人生。

在各行各业前来听课的人中，其中一部分人不容忽视，就是那些为了家庭幸福，或者是为了实现自己梦想特意前来的女士们。我在演讲中会尽量顾及这一类人，我的妻子桃乐丝特意组织了多种类型的女子演讲课程，把我们在这方面的一些心得体会传送给那些需要的家庭。

在一所商业学校，桃乐丝曾专门为一些二十多岁的女士授课。桃乐丝把一份问卷调查表分发给她的女学员们，让她们在堂课上填写。这是专门为各类女士设计的一份问卷，桃乐丝允许她们匿名作答。

其中有两个问题让我记忆犹深，一个是：你是否认为自己在十年之内会结婚？另外一个问题是：如果让你在事业和婚姻中必须做出选择，你会选择哪一个？尽管她们都是匿名回答的，但是答案却出奇的一致，这让我非常好奇。她们在回答第一个问题时，选择的是"会的"，回答第二个问题时，选择的是"婚姻"。

我和我的机构在对婚姻方面的问题进行授课时，从这个调查中获得益处。因为在婚姻问题上女士们持有的一致性态度，使我们不必再费力地去强调事业的重要性，而是把如何经营幸福的婚姻以及如何做一个好妻子作为重点。

与自己的丈夫携手走向成功和美满，是所有女士们在穿上婚纱一刻起就有的梦想，同时她们也期望自己对实现丈夫的梦想有所帮助，与其携手共度人生百年。

在主持"卡耐基妇女讲习会"的工作中，桃乐丝和我接触到了各种各样的女性，也经常见到她们在家庭生活中遇到的问题。我们都认为，一名优秀的妻子必须具备化解生活中各种矛盾和冲突的能力，这能让她的家庭充满欢声笑语。

桃乐丝和我详细地整理了这方面的资料，并把我们的建议尽可能完备地提供给大家，向那些渴望获得幸福的女士及时传授我们的心得。在这本书里，我们不仅收录了自己的实例，而且也收入了我们周围一些夫妇的生活实例。在这里，我要向这些杰出人士表示感谢，感谢他们愿意与大家分享他们的心得，并允许桃乐丝和我引用他们的访谈记录。

起初，桃乐丝担心我们的想法可能会被一些读者误解——我们让妻子们承担了建立一个幸福家庭的全部责任。开始时，我也有这样的顾虑，所以我在这里必须向大家再次申明，只有家庭的每一个成员都努力划桨，家庭这艘船才能够到达幸福的彼岸。男人肩负的责任和女人相同，只是因为这本书是写给那些可爱的女士们的，是为了让她们知道怎样帮助丈夫获得成功，所以才着重强调女性在家庭的作用。而一个合格丈夫的责任，在于从事他所感兴趣的工作且不断获得进步的同时，要为自己的家庭幸福富足付出努力。

对我们的方法，可能有些人不屑一顾。因为她们把某些男人认定为天生的酒鬼、蠢材。当然，世上不存在任何一种完美无缺的办法，我们找出来的这些办法只对大多数人有效，你如果对你的丈夫、你的家庭以及自己感到失望，那么我想这本书能帮到你。

聪慧的女士们，请相信，只要按照书中提供的方法明智而巧妙地去做，就一定能冲破荆棘和障碍的阻挠，让自己变得开心，并且能帮助丈夫获得成功。

戴尔·卡耐基

桃乐丝·卡耐基

目　录

第一篇

成为他梦想的参与者

即使男人的梦想并不是为了你，但女人也不要置身于他的梦想之外。你要守护他最初的梦想，帮他找到下一个目标，与他共同度过冒险之旅，他梦想的掘金地应该有你的身影出现。

请记住，你不仅要成为他生活上的伴侣，也要成为他实现梦想的参与者、合伙人与助手。

找到他最初的梦想

1910年，当时各地年轻人梦想中的掘金之地仍然是纽约。有两个来到了纽约的年轻人，因为身上的钱不多，所以只能在廉价的公寓里寄宿。

这两个年轻人就是戴尔·卡耐基和惠特尼。年少无知的梦想家戴尔来自密苏里州的玉米种植区，而来自马萨诸塞州乡下的则是惠特尼。这两个年轻人在当时还默默无闻，几年后，世人就熟知戴尔，所以就再没人敢忽视他们了。

跟那些出身贫寒，来自乡下的孩子们不同，惠特尼把"成为一家大公司老板"定为自己奋斗的目标。

走出廉价公寓成为一名销售人员，这是惠特尼找到的第一份工作——为一家大型的食品连锁店服务。他经常趁着午餐时间去批发部门帮忙，为的是尽快熟悉业务。惠特尼这样做并不是要让别人感激自己，也不是为了到更多的报酬，他只是简单地认为，这是自己应该做的。然而他的付出并非毫无用处，当一个更好的职位出现空缺时，食品店老板最先想到了惠特尼。

在不断的失望和挫折中，日子一天天过去，惠特尼也在悄然发生着变化。他由原来的零售店员被提升为业务员，随后又渐渐地成为部门主管、地区经理。

大家都认定惠特尼会继续做下去，而且会得到更好的职位，然而惠特尼却做出了辞掉这份工作的重大决定：他认为老板的太多亲戚在公司里面，这让自己丧失了升迁的机会。

他在这里遭遇的挫折较多，他发现，想在这家公司得到提升必须要具有足够的资历才行。这表明，在这里他永远都不能成为参与决策的高级职员。但他始终执着地坚持自己的目标，并最终实现了。后来，惠特尼的身份是橘子包装公司和蓝月乳酪公司的总裁。

还是在纽约的廉价公寓里时，这个来自乡下的小伙子曾对他的室友戴尔说："我总有一天会成为一家大公司的总裁。"可以说，惠特尼的想法并不是不切实际的白日梦，因为他在持续不断地努力去实现自己树立的目标，他前进的原动力也来自这个最初的梦想。

我们不得不思考，惠特尼为什么能够一步一步地走向成功，而许多人却陷进了无法自拔的失败的旋涡之中呢？

当然，这要得益于他很努力地工作，可是，其他人也一样勤奋啊。是学历的原因吗？然而他只是利用了业余时间自修而已，并不比别人有多少特别的地方。关键的原因在于，他奋斗的方向十分明确。他义务加班、更换岗位、学习并掌握工作中的新技能，所做的事情都是为了实现"成为一家公司总裁"的目标。

成功者最大的忌讳是漫无目标。一些人找工作总是随随便便，结婚也是稀里糊涂。尽管他们改变现状的心情很迫切，但心中的目标却不明确。这些因素使他们无法获得成功。

安·海奥德女士是纽约市新温斯顿饭店"职业咨询处"的创办人。生活中，如果那些对目前的岗位和状态不满意的人想得到些建议，可以来这里找她。当时，我对人们的事业问题比较感兴趣，于是便和安女士花费了几个下午的时间对失业问题进行讨论。

安女士说："那些对自己工作不满意的人是我的主要客户群，这些人根本不清楚自己想要什么，帮助他们确立目标就是我的工作。"

因此我联想到，能够帮助丈夫找出生命中最渴望得到的东西，并且为了实现这些目标，应该与丈夫同心协力去奋斗，这也许是一个好妻子应该做的事。显然，安女士对这些女客户丈夫的了解，不如妻子来得透彻，扮演丈夫的"职业咨询人"这一角色也只有他的妻子更为合适。

写作《婚姻指南》的塞莫和伊塞克林认为："共同的理想是一桩美满的婚姻不可缺少的，至于是新房子或环球旅行——这个理想到底是什么却不那么重要，而拥有共同的理想才是关键。"

同时，他对此进行了详细的解释："有一点是最重要的——要对未来有所期望，并为现实它尽其所能。可以在构思、幻想和希望中得到快乐、情趣和参与感，这些还可以从共享胜利和失望、成功与失败里得到。"

这个道理被来自堪萨斯州的威廉·戈里翰夫妇验证了，他们因为共同订立和执行最初梦想而获得成功。"威廉·戈里翰油料公司"的名气在堪萨斯州日渐高涨，威廉·戈里翰的出色领导才能和高超的运营手腕当然是其获益的主要原因。未满五十岁的威廉，从油料经营的生意中赚取到了令人羡慕的利润。威廉不仅经营油料公司获得了成功，而且还成功地经营了自己的婚姻。威廉·戈里翰和他的夫人玛瑞莉拥有的成绩令许多令人羡慕：六个孩子健康又美丽，家庭富有而舒适，事业不断发展并日益强大。

我和威廉·戈里翰是老交情了，我询问他成功的最大秘诀是什么？威廉告诉我："我和玛瑞莉在结婚时，就制订了长远的计划，我们分工协作，并一直在不懈地努力。"

玛瑞莉和威廉结婚后，就了解丈夫的梦想，她一直坚定地支持丈夫的事业。他们最开始从事房地产生意，从为客户介绍房屋中获取佣金。因为他们期许未来，并渴望成功，所以在工作上他们丝毫不敢马虎、懈怠。刚开始创业时，一幢办公大楼的废弃通道的末端成为他们的办公室。在如此恶劣的环境里，负责联络市场的是玛瑞莉，东奔西跑拉生意的任务则交给了威廉。

尽管两人都十分努力，但是他们的务却不尽人意。他们创业初期的收入很少，过着艰难的日子。为了不让全家人饿肚子，玛瑞莉必须精打细算才行。

后来他们的生意渐渐好转，也不断扩大业务规模。威廉赚取利益的方式是用赚来的钱买下房子，然后再倒卖出去。威廉的房地产生意越做越好，手头也有了更加充裕的资金，于是他开始涉足其他一些产业，以求得更多的发展机会。

丈夫的想法立即得到玛瑞莉的支持，两人通过认真规划和考察，认为油料生意最适合投资。由此便诞生了"威廉·戈里翰油料公司"。于是我们便看到了现在威廉公司的成功。

现在，威廉和玛瑞莉正在考虑新的计划，即到国外去投资。我知道他们一旦确立了目标，便会立即采取行动。

威廉所接受的教育，以及他的兴趣和性情决定了戈里翰夫妇的计划和目标的选择与订立。玛瑞莉曾说，威廉一旦确立了一个目标，他找到的下一个工作必定具有挑战性，否则他就会感到人生没有意义。当然，玛瑞莉一直都在积极参与新目标的订立与执行，正是在这种共同面对挑战的过程中，威廉夫妇的感情变得愈加深厚。

要想获得成功，必须经历订立计划、付诸实施、实现目标这样的过程。它的正确性无疑被戈里翰夫妇的成功验证了。在射击场上，瞄准靶心总是能比盲目射击更能接近目标，哪怕只是产生少许的偏差。

哥伦比亚大学著名教授狄恩海波特·郝基斯曾说过："烦恼的根源正是混淆不清。" 即便在今天看来，这位已故教授的话还是那么的富有建设性。其实，"混淆不清"不仅是烦恼的根源，也是成功最大的敌人。因此，要想有出人头地的丈夫，首先要鼓励他找到生命的重心，并帮助他把明确的目标和计划制订出来。

作为妻子，你首先应该弄明白，什么是你和丈夫心目中的成功标准。是一大笔金钱还是受人敬仰的社会地位？是显赫的权势还是帮助别人以及被别人帮助时得到的快乐，抑或是一份合乎心意的安稳的工作？

在行动之前，这些才是你和你的丈夫首先要考虑的问题。每个人对于成功的理解和界定各不相同。因此，对成功有千变万化、多种多样的定义。你们只有找对成功的标准，才能制订出共同的目标。

妻子首先应该搞清丈夫的想法，帮丈夫找到最初的梦想，协助丈夫达成目标。在我们的生活中，常有这样的一些夫妇，他们有十足的干劲，充满激情地工作，并且各自都做了充分的准备，但在开始实施时却发现彼此的方向或目标截然相反。这种事情是多么可惜和悲哀！

即使丈夫的志向已经确定了，你也没有理由可以高枕无忧。丈夫在创业的过程中，还需要你做一大堆事情，在他实施长期计划时你必须参与其中。

"相爱的意义不是双目对视，而在于注视着同一个方向。只有这样爱才能够延续下去。"这句金玉良言的出处我已经忘记了，但是对于有抱负的夫妇来说，它无疑是最好的忠告。

女人走进婚姻的殿堂后，需要解决的第一件事情就是"帮助你的丈夫找到他最初的梦想"。这也是你们获得成功的第一步。

帮他找出下一个目标

能够进学校读书是尼科·亚历山大最大的心愿。尼科这孩子的命苦，从小生活就充满了艰辛。和孤儿院里的其他孩子一样，尼科每天早上五点就开始干活，太阳落山时才收工。即使工作如此努力，他们仍然过着艰苦的生活。他的伙食非常糟糕，甚至有时候没有东西可吃。虽然长期生活在这样的环境中，但尼科一直有一个梦想，那就是能够上大学。

尼科这孩子十分聪明，他在十四岁的时候就把中学的所有课程学完了，并顺利毕业。然而尼科却没有实现上大学的愿望，这时的他不得不为了生活而去寻找工作。

经过数次的碰壁之后，尼科终于得到了一份工作，在一家裁缝店里操作缝纫机。他在这家缝纫店里工作了十多年，因为工会的要求，尽管后来裁缝店缩短了工作时间，相应提高了工人的薪水，但是可怜的尼科还是没有攒够钱上大学，无法实现他的梦想。

在这十多年里，尼科最大的收获便是组建了家庭，并且极其幸运，他娶到的那位女孩一直支持他实现梦想。但是，尼科追求梦想的道路并没有因此变得一帆风顺，相反，他的命运又遭受一次沉重的打击。

尼科一直效力的裁缝店因为人手太多，计划裁员。虽然工作十多年的尼科极不情愿，但在与妻子特蕾莎商量之后，还是决定放弃这份工作。尼科辞职后，决心在房地产项目上创业。他们用所有的积蓄创办了"亚历山大房地产公司"。特蕾莎为了让公司的周转资金充裕一些，甚至把自己的订婚戒指卖掉了。

尼科和特蕾莎用心地经营着这家房地产公司，渐渐地，公司的业务有了起色。几年之后，亚历山大房地产公司在当地开始小有名气，尼科对房地产方面的业务越来越熟悉，生意越做越顺手。但是，特蕾莎一直牢记着尼科最初的梦想。在她的鼓励和支持下，尼科在三十岁时上了大学，拿到学士学位时已经三十六岁，那时，他才完成了自己人生中最大的梦想。

尼科大学毕业后继续从事房地产生意，特蕾莎仍然一如既往地协助丈夫。此时，两人又将拥有海滨别墅确定为下一个目标。很快，他们的这个梦想就实现了——拥有了一幢美丽的海边别墅。

拥有了这些后，有些夫妇也许会觉得该好好休息了。但是尼科夫妇却没有这样想，他们又为正在上学的可爱女儿的未来做打算。他们计划用分期付款的方式，买下商业大楼，然后再将大楼变成公寓整体出租，靠着以后租金的收入，孩子上大学的费用就有了着落。经过一段时间的努力，他们也实现了这一想法。

特蕾莎跟我说，足额缴纳自己的退休保险金是他们现在的目标，他们二人为此继续努力着，但他们不再同时专注一个目标了，尼科一手负责工作方面的事务，而特蕾莎则全力照顾家庭。

虽然亚历山大夫妇的工作十分忙碌，但是令人很羡慕。他们是怎么获得成功与幸福的呢？

这是因为，每当他们实现了一个目标，就会为自己设定下一个目标，前面始终有新的目标在等待着他们，他们会不断地朝下一个明确的方向努力。萧伯纳说过："我厌弃成功，成功就是一个人完成世上所要做的事，正如一旦完成授精的雄蜘蛛，就要立刻被雌蜘蛛刺死一样。不断地进步是我喜欢的，永远在前面的才是目标，而不是在后面。"显然，亚历山大认同并发现了这句名言。他们信奉萧伯纳"我厌弃成功"的名言。

似是而非是许多男人一辈子都有的特点，他们不喜欢为自己寻找真正的目标，过一天算一天。因此，许多成功的机会与他们失之交臂，他们也被成功遗弃了。还有的人，浅尝辄止地做事，刚刚见到一点成功的曙光，就开始享受安逸，没能达到最后的成功，也无法摘得最终的胜利果实。只有那些对目标坚定不移的人，才能获得真正的成功。这些人有犀利的目光、灵敏的感觉，对机会能够耐心等待，准备抓住一切赢得胜利的机会，在他们获得成功的同时，也会给自己的生活带来丰富的收获。

如果男人们的目标不明确，妻子就要帮助丈夫建立明确的目标。为了帮助丈夫更好地达成一个长远的计划，妻子最好将计划按时间分段去实施，比如，可以把五年作为一个时间段，丈夫应该在五年之内拿到大学学位证书，那么十年之内，丈夫就应该坐在经理的位子上。如此，不断地修订和完善自己的阶段目标。

有位非常明智的妻子是"职业咨询处"的顾客，她这样说道："我希望自己丈夫永远不要因为自我的满足而停下前进的脚步。在我们结婚的五年时间里，每年几乎都要制订出一个新目标——开始是他获得学位，接着是他课程进修，然后是自由撰稿一年；直到现在我们才开始发展自己的事业。他对自己充满信心，当然我对他也抱有信心。当他接受了足够的教育、累积了足够的经验，并告诉我他已经有了足够的钱时，我就知道应该结束蜜月，即将开始新的生活。"

有这样一句话："无论你现在状况如何，手中拥有什么，都不能忘记你最终想要的结果，唯有如此，你才不至于感到失落。"这条真理永恒不变。

当实现了一个目标之后，我们应该马上把一个新的目标制订出来，成功的生活方式就是这样。追求不止，目标常新。你要同自己的丈夫一起不断向新的目标发起冲击，一个愿望一旦实现了，就要立刻树立一个新的愿望，真正的成功生活就应当如此。

准备好去冒险

罗勃特·路易斯·史蒂文生说："上帝啊，请赐给我一个年轻人，在别人看来很傻的事，他必须有足够的胆识去做。"

桃乐丝的祖父查理士·劳勃特森从小生活在堪萨斯州一家农场里，他一直想到泰里特利去定居。泰里特利是一个边界移民区，在那里他希望能干出一番事业。于是，他和妻子哈丽特把家中的一切打点好，拖着行李带着孩子们前往了泰里特利。他们来到位于现在的俄克拉荷马州的东北部的锡马龙河岸定居下来。

祖父查理士在抵达之后，首先建造了一座木屋，并用篱笆圈了一块土地，供全家人居住和使用。不久，他借钱开了一个家小商店，这个小店的位置就在今天的俄克拉荷马州的杜尔沙市。

他们起初的日子过得相当艰苦，加之哈丽特身体状况不佳，基本的生活都很难维持。工作的责任由祖父独自承担，祖母则负责照看家中的九个小孩，并承担家里的一切工作。木屋的墙壁甚至还要她用旧报纸来糊。当地没有一个医生，医疗状况极其糟糕，一间破旧的教堂是孩子们读书的地方。生活中的困苦、巨额的债务、严酷的寒冬、酷暑的盛夏，让他们的生活变得一团糟。即使生活过成这样，但在整个殖民区中，还算是不错的，在杜尔沙市人民眼中祖父似乎是一个比较成功的人。

面对如此艰辛的生活，祖父和祖母却从未退缩过。他们努力在泰里特利站稳脚跟。祖父后来真的成功了，受到本地人的敬重。他们的儿女们也都有了很好的归宿。如今，泰里特利成为联邦政府的一个州，发展前景越来越好。

可以说，正是像查理士这样的男性，促进了美国各个州的发展。他们有远大的目标，在边疆地区开荒拓土，施展身手，同时也要得益于哈丽特这样的妻子，她们勇敢地陪伴在自己的丈夫身边，与他们一起冒险，携手开创新的天地。

这些妻子们为丈夫打理行囊，同丈夫一起拓荒。这些女人离开了自己熟悉的家乡，离开亲友和邻里，来到完全陌生的地方重新开始新的生活，独自挑起生活的重担。在家乡她们拥有自己的农庄，可是她们在路上仅有一辆载满行李的敞篷马车，在遥远的前方，等待她们的仅仅是一座满墙贴着旧报纸的木屋。但是，这些女人从来没后悔过，包括我妻子的祖母哈丽特。这些勇敢的妻子们除了信仰上帝之外，便只对她们的丈夫抱有信仰，当然，她们也相信自己。

这些女人们在陪着丈夫朝西进发的时候，偶尔也会怀念起自己舒适的家，也会怀念起朋友、父母亲人、财富，以及物质丰盈的生活。如果说她们没有一点怀念之情，那好像也不现实。但是她们也仅仅只是怀念而已，并未想过要回到原先的生活。就这样，丈夫们带着自己的妻子来到这些荒凉的地区拓荒，她们和她们的丈夫携手写下了美国历史上光辉的一页。他们把一片辽阔的土地，以及毫不畏惧的决心和百折不挠的勇气留给了后代儿女们，那是一笔巨大的物质财产和精神财富。

拥有和前辈一样的拓荒精神是一个妻子必须做到的，丈夫喜欢的事情就让他放手去做，哪怕是他做的事要冒很大的风险，妻子也要和丈夫一起并肩作战。在冒险的过程中，肯定会遭遇很多挫折，而这时更需要对给丈夫增加信心，不遗余力地给予他支持和鼓励。这样，你的丈夫一定能够取得成功。相信，那些能在困难中积极进取和创造的人，是没有什么可以让他们退却的。

我知道有这样一个男人，他在一个行业干了许多年，但是他并不喜欢这份能给他一份稳定薪水，并能够保证他的太太以及孩子们衣食无忧的工作。当他表示想换一个工作环境的时候，立即遭到太太的不满和反对。

这个男人一开始只是个记账员，几年之后，他想辞去枯燥乏味的记账工作，用多年的积蓄开办一家汽车修理厂。但是他的妻子却认为，他们当前还没有属于自己的房子，最好不要冒着风险去创业。后来他们买了房子并有了他们的第一个孩子，这时妻子又劝他说："创业的事情多么艰难，何必自讨苦吃。你现在做记账员所得的薪水完全可以应付家庭开支，孩子们上学也有保险金，你还用得着自己去创业吗？是不是可笑！修理厂万一经营不善，那么我们会为此失去一切：包括一份稳定的薪水，公司的福利、退休金和疾病津贴，现在的房子，女儿的教育资金，我的漂亮衣服……担惊受怕的生活我不喜欢。"

日子一天天过去，这位男士仍然做着自己不喜欢的记账工作，作为小职员，他只是忙碌而乏味地工作着，一直没有办成他的汽车修理厂。

我在前一段时间遇到了这位先生，他的身体状况有些不妙，患有胃溃疡，从言谈中能够看出他极度厌烦目前的生活状况。这个中年人庸庸碌碌的生活实在算不上理想：时刻为胃溃疡担心，修补自己的汽车还要占用空闲时间。看着他脸上失意的神情，我禁不住惋惜。在他的生命中，所有的时间几乎都用来从事他厌恶的工作，宝贵的时光就这样流逝了。他没有真正的兴趣去做自己的工作，也就没有野心和激情。也许正是由于他妻子的反对，他一直没有实践自己真正感兴趣的工作，也因此没能迈出自己追求成功的脚步，这就造成他的不快乐。

如果他的妻子甘愿放弃稳定的生活，支持他的创业想法，并陪同他一起去冒险，也许就会有大不一样的光景：她的丈夫就不会厌倦生活，也不会满脸愁容，也许他们会有更幸福的婚姻。如果创业失败了又能怎样呢？大不了丢掉记账员的工作，他也许会找到一份更好的工作，这只是时间问题。关键是妻子不愿去承受丈夫遭遇失败后的打击。其实，他就算失败了，至少他有过尝试，有过满足感，如果他能从中把失败的原因领悟透彻，也许下一次他就会获得真正的成功。

在生活中只有小部分妻子不愿意陪丈夫一起去冒险，这一点实在令人欣慰。在雪佛酿酒公司最近进行的一项调查里，不同年纪的六千多名妻子被问到这样一个问题："如果你的丈夫不满意现在从事的职业，并有意向另外一个比较感兴趣但薪水较低也不稳定的工作转行，你会支持丈夫的决定吗？"调查结果显示：只有百分之二十五的妻子不愿意让自己的丈夫转行。这真是个让人兴奋的结果。

桃乐丝曾经在俄克拉荷马州一个叫查尔斯·雷诺兹的男士手下工作过，当时他在本地一家大石油公司做财务总监，人品极佳的他充满活力，而且非常能干。查尔斯顺利升职是被所有的人都认可的。他的太太温柔贤惠，三个孩子十分可爱，他还有光明的前程。但是有一个难题却让查尔斯遇上了。

热爱绘画的查尔斯·雷诺兹，在公司办公室的墙上挂了一些自己利用闲暇时间创作的风景油画。有时候，外面的人还会把他的作品买走。艺术家的大本营在新墨西哥州的陶欧斯城，成千上万的艺术家聚集在那里，拥有相当浓郁的艺术氛围。查尔斯一直希望能够到新墨西哥州生活，虽然他也很喜欢现在的工作，但他渴望把更多的时间用在绘画方面。俄克拉荷马州和新墨西哥州选择哪个？查尔斯遇到了难题。

当他和太太露丝商量移居的事情时，露丝高兴地说："太好了！我们首先要处理掉这里的东西，你要把你的工作打理好，我们可以在到达新墨西哥州后开一家商店，专门销售绘画用具，当然还要售卖你的绘画作品。到时候店面由我负责照看，你只需专心绘画。我相信我们一定会成功的。"得到露丝的支持，查尔斯·雷诺兹很快就把财务总监一职辞掉了。

不久之后，查尔斯和温柔的妻子带着三个孩子来到新墨西哥州定居。他们在陶欧斯城开办了一家绘画用具商店，日常生意由露丝负责打理，查尔斯则潜心钻研绘画，到店里经常帮忙的还有他们的儿子小查尔斯，一家人很快乐。

查尔斯未来的成功并不出乎我们的意料，现在西南部最成功的画家中有他的位置。在全国性的画展中有他的绘画作品，他曾经举办过多次个人画展。现在作为陶欧斯城画家协会会长的查尔斯，还把自己的画廊和画室建造在举世闻名的吉特·卡森大街上。

这种结果是查尔斯和露丝勇于尝试新机会并敢于冒险换来的。用不着怀疑冒险带来的成功可能性。正如在战争开始前，范狄格里福特将军常对他的士兵们说的："上帝总是偏爱那些勇敢而坚韧的人。"

一份令人愉快的工作，并不能使人过上富足的生活。即使让你拥有再多的财富，如果你的工作不能让你从心里觉得快乐，那也无法消除你心中的那份失意。如果不快乐，你就无法获得成功。

真正成功的人，能够从其从事的工作中获得快乐和满足。妻子应该具备足够的忍耐精神，让你的丈夫把薪水比较丰厚、但他不感兴趣的工作放弃掉，去自由自在地做他所热爱的事业。有些伟大的成就之所以能够被许多男人创造出来，大多是因为丈夫们得到了无私而勇敢的妻子的支持。这些妻子们愿意同丈夫一起冒险。因为只有当她们甘愿放弃享受物质生活，她们的丈夫才具备放手去尝试自己感兴趣的事业的勇气。

莎士比亚说："我们心中的叛逆者是疑虑，由于害怕追寻，我们将会失去通常能够获得的东西。"

上帝对那些勇敢而坚韧的心灵充满偏爱。如果你希望把事业中的满足感交给自己的丈夫，你就要鼓励他尝试每一次机会，而且你要具备和他共同度过危机的勇气。

与你的男人共同打拼

1865年以前，威廉·布斯还仅仅是英国的一个平凡牧师。一生立志于传道事业的威廉，在1865年终于创立了模仿军队建制的基督徒布道团，后来人们把它称为救世军。救世军的第一任大将就是威廉。

威廉的大名不仅被镌刻在救世军创始人功劳簿上，威廉心爱的妻子凯瑟琳·布斯的名字也同样刻在上面，为了推广救世军事业，与丈夫共同作战，凯瑟琳奉献出了毕生精力。

把传道作为自己天职的威廉·布斯，不仅强调他的救世军要拯救人类的灵魂，而且还要满足身体的需要，因此威廉从一开始就持续致力于社会服务工作，开展各种慈善事业，如赈济贫民，进行灾后救援等。他为伦敦贫民窟的穷人、残疾人和流浪汉讲道，他们全家人都忍受着寒冷、饥饿和嘲笑。威廉致力于服务穷人，经常累得疲惫不堪。而过度的疲劳也压垮了他心爱的妻子凯瑟琳，更何况这个柔弱的女子的健康状况从小就不好，凯瑟琳后来患上了脊柱弯曲症。此外，还有肺痨威胁着她，晚年，她还患上了绝症。这位瘦弱的夫人每天都在遭受病痛的折磨，以致在临死前她说："我从来没有哪一天不是在痛苦之中生活。"

然而，这位柔弱且病痛缠身的妇人，不仅要做饭、洗衣和照看他们的八个子女，还要打理全家人的生活，并协助自己的丈夫。为了帮助那些比他们更加贫困的人，她尽心尽力地从事着威廉的救世军事业。凯瑟琳白天同丈夫一起去各处传教讲道。到了晚上，为了帮助那些饥饿、生病或是遭遇到困难的人，她还要去贫民窟。她准备饭菜送给那些怀有私生子而未出嫁的姑娘，替她们找寻安身之处，为的是让私生子和未婚妈妈不受生活之苦。为了拯救小偷、流浪汉以及妓女的灵魂，她还和他们对话。

人们一定会以为，只要有机会，凯瑟琳就会离开这种悲惨的环境。难道你没有这样想吗？难道凯瑟琳不希望悠然地坐在美丽的花园里享受下午茶吗？难道她不喜欢在仆人的侍奉下，坐在闪闪发光的银饰餐具前享用晚餐吗？其实这样的机会她也有过。当时，威廉的真诚打动了当地的牧师协会，他们决定让威廉到一个比较富裕的教区去任职，让威廉舒舒服服地讲道，使他们一家人的生活境况变得好起来。

但是威廉的妻子的感受被牧师协会忽视了。凯瑟琳在得知了这样的决定后，并没有像其他女人那样兴奋，她反而生气了，并坚决反对这一决定。在她坚决的"不要！不要！"声中，威廉一家得以留在贫民窟继续工作。

世界各地的救世军能够得持续的发展，要多亏凯瑟琳不怕困苦和坚定的信心。唯一使人遗憾的是，这位值得尊敬的夫人却过早地离开了人世。我真希望凯瑟琳能够活得再久一些，那样，她丈夫所做的贡献及成果就能被她亲眼看到，并能看到自己丈夫现在的光辉成就。

在威廉的葬礼上，当他的灵柩经过伦敦街道时，街头挤满了前来为他送葬的人们。威廉帮助过他们中的很多人，威廉的善心和诚意还感动了另外一部分人，向他表达崇敬之意的有六万五千多人。在为他葬礼送行的行列中有伦敦市长，送来了花圈以表哀思的还有欧洲各国国王和美国总统，五千名年轻的救世军紧紧跟随在威廉的灵柩后面，歌颂他们的大将并唱着赞美诗。而我宁愿相信凯瑟琳清楚并了解这一切——完全不顾自己的安危，这位瘦弱的女人支持并献身于丈夫的伟大事业。

真正意义上的成功，是你找到所热爱的工作，并为之努力奋斗，在追求事业的过程中必须不顾自身的安危和幸福，只有这样做，才能实现我们最终的梦想。而在丈夫的身后，一定要有妻子们坚定不移的身影，当男人在顽强打拼时，女人的陪伴与支持是男人成功最根本的保证。

约瑟夫·艾森鲍尔在一家洗衣店里当送货员，他在此已经工作了二十五个年头，但是有一天约瑟夫却接到洗衣店老板的通知，说他被解雇了。

已到中年的约瑟夫·艾森鲍尔，身无一技之长，很难再找到合适的工作。因为约瑟夫的失业，全家生活陷入到了困境中。

正当艾森鲍尔夫妇为找不到工作发愁时，恰好遇到有人对外转让一家面包店，虽然它的价钱并不是太高，但是艾森鲍尔夫妇要想买下，也要花去他们二十多年的积蓄。最终两人还是决定买下它。

精明能干的艾森鲍尔太太知道自己经营面包店还是新手，既没有经验，也没有多余的资金支持，刚开始创业必然要吃很多苦。而且在面包店的生意步入正轨之前，他们不可能花钱雇帮手，要完成一切只能靠他们夫妇两人。

开始的时候，他们十分忙碌，焦头烂额的艾森鲍尔太太每天除了要做日常家务，还要打理店中的事务，并招呼客人，同时还要积极协助丈夫扩展业务。她经常在店里站十多个小时。其他人足以被如此繁重的工作量吓跑，但是珍妮·艾森鲍尔硬是坚持下来。

艾森鲍尔太太说："我每天做着这些事情都很开心，因为我知道，这样的事业是丈夫一门心思想要追求的，这也让他有机会重新闯出一片天地。我们经营这家面包店已经有五个年头了，现在的生意很好，我们赚来的钱可以满足一家人的花销。凭借自己的努力能够重建事业，这一点让我们感到非常自豪。"

很多家庭都会遇到约瑟夫曾遇到的难题，他们或是因为被解雇

变得家庭三餐不继，或是因为遭遇到意外的灾难，让生活变得支离
破碎。有些妻子在遇上这样的困境时会感到迷茫和不知所措，有的
人不愿意挽救残局，更有甚者会选择离弃丈夫，逃避责任。她们让
丈夫一人来承担家庭责任，以致在开创事业时，有很多妻子袖手旁
观，这样注定会使家庭的经济状况越来越糟。其实这样的女人都进
入了误区。

夫妻本是一体，为了把车子从泥潭之中拖出来，妻子也应该摇下
车窗，打开车门，走到泥泞中去帮助丈夫推出车子。

这里还有另外一位能干的妻子，她就是这样做的，在丈夫需要的
时候，她努力付出自己所有的力量。

人们把这位妻子称为威廉·R·科门太太。她不仅成功地帮助丈
夫摆脱了危机，同时还拥有了属于自己的事业，也为她的家庭打下了
更加坚固的经济基础。

护士是科门太太的本职。她和比尔·科门刚结婚的时候，比尔的
工作量非常大，除了白天要工作，晚上还要到夜校去进修，为的是获
得高中毕业证书。为了让丈夫的学业不受影响，结婚后这位年轻的太
太仍然没有放弃她的护士职业，她把赚来的钱补贴家用。

为了不让丈夫缺课，科门太太放弃了许多原本可以和丈夫在一
起的机会，在他们的小女儿出生时，她让丈夫把自己送到医院后，仍
然坚持让他再赶回学校。比尔在学校的六年学习中，从没有缺过一堂
课，这全都要归功于科门太太的付出。

最后，在母亲、妻子和女儿骄傲的注视下，比尔获得了高中毕业
证书。此后，比尔找到了一份推销不锈钢厨具的工作，这时的科门太
太虽然不再从事护士工作，但是她并没有让自己清闲下来，她给推
销员比尔充当助手。当他们举办示范餐会的时候，负责做菜的就是
科门太太，这样，负责销售工作的比尔便能够一心一意地做自己的
事情。

后来，比尔的父亲去世了，继承父亲印刷厂的是比尔及其兄弟。但比尔的兄弟并不想参与经营这家印刷厂，想让比尔购买他手中的股份。可是比尔当时手中并没有那么多的积蓄，如果要买也只能向银行贷款。这时科门太太又一次用行动支持了丈夫，她承担起助理工作，他们用赚来的钱偿还银行贷款。并且每天晚上和周末，她都会来到印刷厂当丈夫的助手。

"我真高兴，"她说，"照目前的情况看，我们很快便能够偿还掉银行的贷款和生意上的债务，这也许需要五年的时间吧。五年之后我就不用工作了，可以安心地照顾比尔和孩子们。"

在必要的时候，威廉·R·科门太太把自己所有的精力都付出了。她不但把自己的本职工作做得很好，还腾出精力协助丈夫拓展生意，因此他们的家庭的经济条件也有了保障。像科门太太和艾森鲍尔太太这样的妻子都是十分优秀的，在照管家务和协助丈夫方面，她们都能做得有条理，而且有效率。

各种各样的危机可能每个家庭都要去面对，比如欠债、亲人生病、丈夫失业等等。当家庭面对危机的时候，可能妻子要外出去工作，来增加家庭收入。但是妻子们这样做并非是想干出一番大事业，来实现自我满足，她们完全是出于对家庭幸福的责任感。所以"广义的夫妇搭档"指的就是妻子的这种行为，是一种临时的"应急措施"。

我结识的乔纳森·威特·施坦太太，就是这样一位女士。住在新泽西州的她有五个孩子。这位太太在"紧急措施"这方面做得很出色，甚至整个家庭的生活方式也因此而改变了。

几年前，一个大难题让施坦太太遇上了，原本做推销工作的丈夫因为一场突发的重病丧失了工作能力，巨大的危机笼罩着整个家庭：如何养活这五个小孩及两个大人，便成了摆在眼前的最大难题。

面对目前的处境，自己能做什么事情呢？施坦太太开始思量：自己既没有技术又不懂管理，肯定做不了办公室的工作；制作糕点是自己的拿手好戏，生日蛋糕、结婚用的喜宴蛋糕及宴会上的甜点等，这些都没问题。孩子们都喜欢她做的糕点，一些朋友甚至还专门把她请去做一些特别的点心。

于是，制作餐点便成为施坦太太为自己订立的事业目标，以此作为挣钱的手段来养家。她首先向周围的一些朋友讲了自己的想法，并请求他们在准备宴会的餐点时，来找她帮忙。施坦太太确实有制作餐点的天赋，她把餐点做得美味可口，与大饭店的餐点厨师相比丝毫不逊色。这样一来，随着名气的增加，施坦太太的订单接连不断，因此她又训练了新手协助她工作。

兴隆的生意超出了施坦太太的预期，因此她在制作酒席餐点方面也有了名气，并且成为当地的宴席顾问。开胃菜是她最拿手的，她做好后打上包装，然后拿到冷冻食品商场出售，并且她准备的宴会餐点在方圆五十英里之内都有客户。

施坦太太有声有色地经营着自己的事业，让家庭安全地度过了经济危机，同时，也让施坦先生全身心投入到她的这份事业中，现在他担任营业经理。这里，可以用珠联璧合来形容他们夫妻俩的合作。

"我并不擅长管理金钱，我不喜欢做成本预算，更不愿意开账单，"施坦太太说，"创造新式餐点是我最热衷于做的事情，并且我喜欢研制新式糕点。我的丈夫全权负责生意上的事情，他一定能够处理得比我好。像我们现在这样就很棒。"

未来会发生什么谁能预知呢？我们不过是普通人而已，但是有一点却是可以肯定的：出现危机必然会使家庭的经济陷入紧张，因此不得不想办法去赚钱养家。所以，要把我们的才能派上用场，以此来应对突然发生的经济危机，但这些并不只是丈夫的责任。

协助丈夫提升成功指数

伸出自己的双臂，给自己的丈夫一个拥抱，这是一个妻子最应该做的，而且在帮助他、支持他时要全心全意。你不必抱怨自己的丈夫不够优秀，因为一个优秀的女人可以一手培养出一个优秀的男人。下面我介绍一些可以帮助男人获得成功的六个方法，关注丈夫事业的优秀的妻子一定要重视这些方法。

这六种方法非常有效，因为我在细心的妻子们一次又一次地应用它们的过程中见识了它们的功效。请你们的丈夫实验下面这些方法，这些方法可以明显提高他的"成功指数"。

1.不断学习才能不断进步

有些参加了工作的人，特别是一些先生们，他们已经工作了几年，总是把自己当作一个小齿轮依附于巨大的冰冷的机器上，或者认为自己仅是一个小小的无足轻重的螺丝钉，而意识不到自己工作的重要性。除了老板交代的工作，他们并不期望更新自己的知识和技术，不想承担额外的任务。

下面这个古老的故事不知道还有没有人记得：

有两个在一起从事建筑工作的人。有一个哲学家从他们这里经过，他问这两个人在干什么。

其中一个停下手中的活说道："在砌墙。"

而另一个人一边干活一边答道："我在建造一座大教堂。"

深入了解一件工作或是产品，可以增加你对它的热情。著名记者塔贝尔曾有过这样的经历，有一次为了写一篇五百字的文章，她花费了好几个星期去搜集资料，而实际上她只能用到资料中的一小部分。但是她对查找资料花费如此长的时间并不后悔。她解释说，她自身的实力会因为那些没有用到的资料而增强。因为她了解的东西要比写这篇文章表达出来的更多，所以她才能够更加轻松地写作，并且信心更足，写出的东西也更具权威。对你的工作或是一件产品了解得越深入，就越能增加你工作的热情。因此，在自己看似螺丝钉的工作岗位上，男人们应尽可能多做一些自己所负责的特定工作，保持对公司的责任感，以此来激发自己的事业心。

本杰明·富兰克林从小就懂得培养工作责任的重要性。当时，还在一家肥皂厂打工的小富兰克林，工作在臭气熏天的环境中，其他的工人下班之后，会急着往家赶，不愿意多停留一秒钟。而富兰克林下班之后，仍然会待在肥皂厂里，为的是掌握了整个肥皂的制造程序。后来，他通过刻苦钻研还解决了公司的一些问题。让富兰克林感到很自豪的是自己对公司做出了微薄贡献。

在一开始培训推销员时，总是要求他们掌握所推销产品的制作细节，尽管在向客户推销的时候这些知识很少能派上用场，但是对自己手中的产品了解得越透彻，推销员才越有信心和热心向顾客推销产品。因此才能为自己的产品打开销路。

我们对一件事了解得越多，才越会对它产生强烈的热情，这也会促使我们对它进行更加深入的了解。所以，如果你的丈夫冷淡地对待他的工作，那么要马上帮他找到其中的原因。很可能是他对自己的工作缺乏足够的认识，或是不了解自己的工作的重要性。一个优秀的妻子应该劝告丈夫要不停地学习，要让他满怀责任感，时刻保持对事业的激情。

2.制定目标并努力完成它

如果一个人立志取得成功，那么他必须要有执着的信念。他必须清楚自己工作的目的，并像猎犬一样锲而不舍地追逐一只野兔一样，去努力追逐自己的目标，不会因为挫折和失败而气馁。

"如果一个人想要获得成功，他就要认定自己特殊的工作和职业，而且要有耐心把自己的工作做好。"本杰明·富兰克林曾这样写道。

最需要采纳这个劝告的人是英国诗人撒母耳·泰勒·柯尔雷基。打开他的诗集，就能发现他留下的大部分诗歌都没有完成。他浪费掉了自己的才华，是因为他的目标太分散。他在一个不真实的梦幻世界里生活，因此，查理·兰姆在他死后，给朋友写的一封信中这样说："柯尔雷基死了，听说四万多篇有关形而上学和神学的论文是他留下的，然而却没有一篇是完整的！"

因此，你和你的丈夫应该仔细探讨他对未来期许什么，他有什么样的目标，帮助他把自己的志向搞清楚，让他知道实现那些明确的目标要有足够的耐心，而不要为那些模糊及不可能成功的白日梦浪费精力。

3.每天为自己打气

你可能认为这个方法小儿科。你的看法也许正确，如果你明明知道这种方法有用，但不去执行，那么最终承受损失的必然是你。

也许这个方法有点孩子气，但是许多成功人士都承认，这个办法能够帮助人们增添热情。曾在法国从事过推销员工作的新闻分析家卡特本，年轻的时候毫无自信，每天有大量的客户要走访，每到一户人家的大门前他都要鼓励自己一番。然后才有信心叩开客户的大门。

魔术大师荷华·索士第在上台表演前经常上蹿下跳，在他的化装室里热身，"我爱我的观众！"他一遍又一遍地大声喊，直到周身血液沸腾了，他才会走上舞台为观众表演，这样，他才能把一次又一次充满魔力和愉快的表演呈现在观众面前。

在我们当中，过着半醒半睡的生活的人不在少数。他们把生活和工作当成一件相当乏味的事情，他们以得过且过的态度对待生活，很少考虑本职之外的事情。他们的生活也如同一潭死水。

在每天早上醒来后，为什么你不对自己说："我热爱我的工作，我要发挥出我的全部能力。"还有一些诸如此类的话，比如："能够这样活着我很高兴，我今天仍然要以百分之一百的力气去做事。"

每天替自己加油打气，精神百倍地投入工作，你一定会极大地提高自己的效率。

4.树立服务别人的意识

亚里士多德提倡"开通的自私"这个方法，它对追求进步的人而言非常有效。

一个劳动者以自我为中心，他的两只眼睛就只会盯着别处。一只眼睛看着时钟，另一只眼睛瞅自己的薪水，这样的人不可能努力工作，甚至很可能会懒散，在与同事的交往中也会招人厌烦，这样的人不可能取得成功。

热忱产生于为他人服务。有许多是有能力的人选择低薪的社会服务和传教工作，而不选择能赚取更多钱比较自我的职业，就是最好的例证。

也许打游击战暂时能够获利，但是不能取得最终的成功。大家都伸出援助的双手是最好的结果，不能让他们伸出脚来把我们绊倒。

5.结交优秀的人

"我能做的事，最需要有个人来支持我去做。"这话是爱默生说的。

换句话说，就是最好能找到一个热心鼓励我和帮助我的朋友。

要想使自己能够变得更加优秀就要结交优秀的朋友，因为良好的品格彼此之间能够相互影响。

妻子没有办法操控丈夫的工作环境——但是，可以尝试通过朋友培养丈夫的活力，以刺激他更具创造性地思考和生活。

如果你希望丈夫充满激情地对待事业，就要让他的生活时刻充满活力，并接受优秀朋友的影响。其实这是很容易做到的，因为每一个团体中都存在这样的人，你的职责就是要找出这些人，并且促使他们和你的丈夫交往。然后适当加以引导，让他因为这种接触而迸发出理想的火花，并为之奋斗。

帕西·H·怀亭先生在《售货的五大原则》一书中还有一些相对应的建议，所提出的忠告很有价值。他说："在人际交往中，往往有这样几类人：有的人闷闷不乐，有的人缺乏爱心，还有的人在一成不变的例行工作中消磨心思和脚步，要尽量避免和他们打交道。" 这些人的影响当然要引起优秀妻子们的警惕。

6.热心对待工作

这当然不是我的主张，在我还未出生之前，威廉·詹姆斯教授就在哈佛大学向世人传授了这个哲理。

"如果你想要想表现出一种情绪，你就要装作自己已经拥有这种情绪，并且把这种情绪带到工作中。虽说是你假装有这种情绪，但没过多久，你就会发现自己真的拥有这样的情绪。如果你想快乐，那就去快乐地工作。如果你想痛苦，那就去痛苦地工作。如果你想得到热情，那就热情地对待工作。"詹姆斯教授这样说。

《我在销售中如何从失败走向成功》的作者弗兰克·贝特格在书中明确提出，这个原则适用于任何一个人，一旦运用起这个原则，就能够改变自己的一生。他的这一说法显然没错——因为这些经验是他自己亲身经历的。

第二篇

为他打造一个甜蜜的家

只要他喜欢的事情，就让他按照自己的意志自由地去做，只要他感到舒适，他就能得到幸福。这就需要温柔的妻子要依照丈夫的喜好来改变自己的个性，并参与到他的消遣和娱乐活动当中。但是无论做什么，你都应该清楚，只要你的丈夫感到幸福快乐，就等于你为他的成功做出了贡献。

展现女性的温柔可爱

有这样一段话是英国著名作家哈代在他的著作中写下的——在新西兰某处的墓地中，一个女性的名字和这样的话刻在一块陈旧的墓碑上：她如此温柔可爱。

在看了这句话之后，诸位会产生怎样的感受我不知道，但是桃乐丝的感受我知道，她向我这样感叹道："我实在想不出，这世上还有什么比这碑文更能让人感动的，拥有这样一块碑文也是我内心的渴望。"

想想看，只有当这个伤心欲绝的丈夫心中必然充满了无数的幸福回忆，才会把这些字刻到妻子的墓碑上，他的心中满是妻子温柔形象：每天下班回到家时，妻子总是面带微笑迎接他，还有香喷喷的饭菜摆满餐桌；能使她开怀大笑的也许是一个古老的小笑话，温暖和爱意永远洋溢在家中。他那温柔可爱的妻子是那样的小鸟依人！

曾经有专家说过，温柔可爱的女人和优秀成功的丈夫，这两件事其实密切相关。如果男人能够从太太身上感到幸福和快乐，那么他就有机会取得事业上的成就。

但是，这样一个事实不得不令人遗憾地承认：有些深爱自己丈夫的女性，却不懂得让自己的丈夫如何感到幸福和快乐。尽管她们把天底下最浓烈的爱意藏在内心深处，她们对丈夫的痴情从不让人怀疑，但是最容易做错事的往往也是这些对丈夫情深义重的女人。她不但没有让丈夫感到一丝一毫的快乐和幸福，反而会让他陷入更大的困苦和疲惫之中，最后把自己也弄得疲惫不堪。痛苦的坟墓似乎成为两个人的婚姻生活，因此那冰冷的坟墓中也埋葬有她对丈夫的爱。让我们来看看妻子们是怎样造成这种局面的吧：紧紧缠住要出门的丈夫不放；喋喋不休地没完，根本不听丈夫说话；像严厉的军训教官似的处理家庭事务。

其实得到男性的欢心并不难，像办一场舞会那样取悦丈夫，女主人只需要头脑机灵并肯于付出努力就可以了。做这些事情其实并不需要花费太多的心思，甚至没有女人装扮自己所花费的心思多。

我当然不是说，太太们不需要花费心思就能让自己看起来更加迷人。我只是想提醒妻子们，不要过分注重自己的装扮，在自己的裙子和粉扑上投入过多时间和心思，而要在丈夫身上多花一些心思，时刻表现出对丈夫的关心。有些女性懂得如何取悦丈夫，完全不必为自己会失去迷人的青春、妖娆的身材而担心，因为她们能够把丈夫的心牢牢地抓住。

老板的记事本、左膀右臂和生活助理是女秘书，这些我们都知道。一流的秘书对老板的喜好了如指掌，知道如何做能让他高兴，知道老板每一个眼神的意思，知道叫副总进来的确切时间，知道该在什么时候送进去一杯咖啡，知道是东西什么让他大发雷霆，还知道怎么布置环境能够提高老板的办公效率。甚至，一些出色的女秘书还能改变老板的嗜好，让老板变得更有魅力。如果自然装束是老板喜欢的，她使用的指甲油就会是无色透明的。

从秘书的工作中太太们完全可以得到一些启发。对丈夫的喜好，丈夫身边的女秘书都能够了如指掌，你当然也能做到。妻子应该为自己的丈夫多做一些事情，要像秘书为老板工作一样。妻子愿意掌握"如何使丈夫快乐"的技巧，这是幸福婚姻的基础。

我有一次采访罗斯福总统的夫人爱莲诺·罗斯福，她提到，罗斯福总统出外演讲时，喜欢把儿女们带在身边。这样，他在紧张行程中可以减轻压力。罗斯福夫人通常会安排孩子们轮流陪父亲出门，几乎每个星期他们就要轮到一次。

"我们在旅途中，"罗斯福夫人说，"有许多家庭趣事会发生，会有我们不断的笑声，一家人感情越来越紧密，而我的丈夫也因为放松了心情，也更容易胜任繁重的工作。"

艾森豪威尔总统的夫人在这方面做出的努力也是值得称道的。她曾做过这样的陈述："用点点滴滴的小事为丈夫创造幸福，就是一个妻子最主要的工作。"

其实这些小事并不是真的很小。查斯特·菲尔德说过："好风度的培养，必须要以一些小牺牲为前提。"而这也是建立美满婚姻的秘诀之一。如果一个妻子愿意为了丈夫、为了家庭而放弃一些嗜好，那么她会得到远远多于那些小牺牲的补偿，这样的事情值得一试。

上面的说法得到奥嘉·卡巴布兰加夫人的认同，并且她一直在按照上面的要求做。这位夫人是约瑟劳尔·卡巴布兰加先生的遗孀。她不仅是古巴的外交官，也是世界闻名的国际象棋冠军。卡巴布兰加先生有机智而灵活的头脑，风度翩翩，极受欢迎，但是他经常会顽固地坚持自己的想法，这一点和许多卓越超凡的男性一样。但是卡巴布兰加夫人用自己的方式对付固执的丈夫。他们美满幸福的婚姻生活弥漫着爱情的浪漫和尊重彼此的气息。奥嘉·卡巴布兰加把许多快乐带给了丈夫，所以，卡巴布兰加先生有时候也会为取悦她而放弃自己固有的看法。

她是如何做到这些的呢？她只是按照上面的说法，将一些"小牺牲"运用在生活中就获得了这样的奇迹。她看到卡巴布兰加先生心情烦闷，便不多说一句话，给他创造一个独立思考的空间，而不是说一些唠叨琐碎，或是没用的话来激怒他；那些迷人的社交舞会本来是她喜欢的，但她的丈夫却不愿意让她在舞会上浪费大部分时间，于是她心甘情愿地放弃了一些不太重要的舞会，留在家中照看丈夫和孩子；如果卡巴布兰加先生不欢喜她身上的衣服，她就会换上另一件丈夫比较喜欢的衣服；奥嘉本来喜欢看一些轻松的书籍，但她考虑到哲学和历史方面的书是丈夫喜爱看的，于是她也会认真阅读哲学与历史方面的书，她这样做无非是为了"跟上他的思想，从而更好地欣赏和领会他的意图"。

对这位夫人的"牺牲"，也许有人不以为然，认为不见得那个固执的外交官会领情。但是让我们来看看事实吧。一件小事足以证明你们的推断是错误的。这位风度翩翩的绅士一直认为，相互赠送礼物是世界上最可笑最滑稽的事情，没有什么事比它更矫揉造作了。但是，某一年情人节，这位绅士在向妻子表达爱意时，竟然把一盒大大的、无比漂亮的巧克力送给了太太，当时的他居然红着脸像个小学生似的。

我们可以想象出那位妻子是怎样的喜悦，简直无法用语言来描述那种情形。如此理智的丈夫竟然完全没有理性，还把自己惯有的原则推翻，而送给太太礼物，最为难得的是，做这件事时这位丈夫是那么的真诚。

从此以后，送礼物给自己的太太便成为卡巴布兰加先生新增的一项乐趣。有一次，他花钱雇一名职员用许多大小不同的盒子来包装一小瓶香水。当妻子一层一层地打开盒子时，幸福的光芒也涌现在她的脸上。瞧瞧这是位多么浪漫的先生，太太肯定宁愿放弃十次舞会，来换取一件这样的礼物。

难怪他们的婚姻会如此成功和甜蜜。卡巴布兰加太太用心为丈夫营造幸福，而她的牺牲也感动了她的丈夫，同样他也在用心为她创造快乐，他们都从中体味到了幸福。

卡巴布兰加太太作为妻子能够让丈夫快乐，同时也能享受丈夫所给予的快乐和幸福。

　　著名的迪斯雷力的妻子也有相同的感受，她曾经自豪地对朋友说："我的生命中始终都充满了永恒而单纯的幸福，为此我要特别感激丈夫的体贴。"

　　要想让丈夫获得幸福，就要让他感到舒适，并让他做自己想做的事去实现自己的意愿。当然，这需要温柔妻子的个性依照丈夫的喜好而有所改变，或是参与他的消遣和娱乐。为此，你无论付出了多少，只要你的丈夫能够感到幸福和快乐，都是为他的成功在做贡献。

　　或许当你们携手一起走过四五十年后，或是在你们中的一个百年之后，你一定能够承受得起"她如此温柔可爱"这样一块碑文。再没有比这更美好的事了。

打造适合的家庭氛围

当丈夫结束了一天的工作，拖着疲惫的身躯回到家中，此时，他非常渴望家中柔软的床，渴望一顿可口的饭菜，渴望看到美丽温顺的妻子。回到家中，什么样的一种氛围是丈夫最想要感受到的？劳累了一天的丈夫需要什么样的气氛才能心情愉悦？最能让丈夫恢复精神的又是什么样的家庭环境，第二天回到工作中去是否能够神清气爽？一个想让自己丈夫事业成功的好妻子不得不考虑以上这些问题。

针对这些问题，让我们听听一位博士如何回答的。《妇女家庭》杂志开设了一个关于"怎样创造幸福婚姻"的专栏，柯里福特·R·亚当斯博士就是这个专栏的作家。不得不说，这个专栏办得很出色，这位博士的见解非常深刻。

亚当斯博士在专栏中写道："妻子在家庭生活中的表现对丈夫和孩子的生活有重要的意义。虽然许多责任也要由丈夫和孩子承担，但是，妻子所创造出来的环境氛围，以及所表现出来的态度才是最为关键的。"

每一个家庭都必须具备一些基本的要素，它能够帮助你营造一种适合丈夫的家庭氛围。置身于处这样的氛围，丈夫当然会感到很舒心，工作效率也必然因此大幅提升。

轻松

毋庸置疑，即便你的丈夫疯狂地热爱自己的工作，甚至到了无以复加的地步，时时刻刻充满激情，但是从某种程度上说，他的一些紧张的情绪还是因工作产生的。即使这个男人是超人，他也会有脆弱的时候。如果一个男人的心中长时间积聚紧张的情绪，自然会影响他的工作状态。但是，如果在回家后，他能够消解这些紧张的情绪，那么他的情绪和身体都会得以缓解和放松，这样，他才会充满活力去迎接第二天的工作。而优秀的妻子首先要知道如何让丈夫在家中得到放松，这是她营造合适家庭氛围的第一步。

有理想的女人都愿意成为一名贤妻良母，并且她们也愿意成为一个出色的家庭主妇。她们总是用自己的方式去关心和呵护丈夫，丈夫真正需要的是什么，她们根本不去思考。丈夫回到家后，反而因为这种过分的关怀，心情变得更沉重，精神上得不到放松。

在我小的时候，我的邻居中就有这样一位女性，她的丈夫很能干，家中有几个可爱的孩子。但是，在生活中这位妻子却十分严厉，我听她的孩子们说，她在家中制定了一些规矩，我听到后，感觉很可怕。这个妻子订的一些规定如下：以防弄脏地板，孩子们不可以将朋友们带回家玩；为了不让窗帘和房间里充满臭臭的烟味，丈夫不能在家里抽烟；如果要用一件东西，无论是丈夫还是孩子用完后必须立刻放回原处。

这些规定简直糟糕透了，然而在生活中，像我邻居太太这样的妻子还有很多，小的时候我经常听朋友们抱怨，他们的母亲过于严厉，导致家里总是弥漫着紧张的氛围，总是保持一种让令人畏惧的模样，他们从来不在家中招待自己的朋友。这样的妻子精神上可能有问题。属于这种类型女人的还有戏剧《克莱戈的妻子》中的女主角哈力莱特·克莱格，事实上像这样的女性有很多。

哈力莱特·克莱格的原则是：家中绝对要保持干净和整洁。甚至坐垫放错位置，她都无法忍受。把自己的家收拾得一尘不染是她的生活的全部，她不允许任何人破坏家中的整洁。朋友们来拜访她时，难免弄乱东西，她看到后，会显露出一脸的不情愿，而且她以后再也不会把朋友们邀请到家里做客。而她则把那位正常的、不拘小节的丈夫看成是一个专业的破坏分子，经常肆意破坏她精心布置的完美环境，而她根本就不知道，这样的完美是多么的冷酷。

乔治·凯里是这部戏剧的作者，当它被搬上舞台后，大受欢迎，当年的"普利策奖"甚至颁给了该作者。在第二十届"美国基督教家庭生活"年会上，美国基督教大学精神科教授罗伯特·P·奥丁华特博士做了一次演讲，他认为"美国文化中最大的压迫"是妻子们对于家中一尘不染洁净的愿望。

一个优秀的家庭主妇一定会把家收拾得干净整洁：干干净净的沙发椅套，散发着清香的窗帘，没有油垢的厨房，总是光亮照人的整间屋子。但是，当勤劳的太太看见丈夫把自己辛辛苦苦收拾干净的客厅弄得乱七八糟，把报纸、烟头、眼镜盒还有其他各种杂物堆得到处都是，甚至还有半个没吃完的苹果丢在卧室里。产生冲动的妻子们便常常想拿一把钝器把丈夫狠狠地修理一下。但是，在这个没有良心的家伙被你破口大骂之前，请诸位太太们记住了，能够让他重拾自信、舒缓心情的地方唯有家里，他甚至在办公室里都没有时间吃半个苹果，他甚至在老板的家中连老板的书橱都不敢打开。在外面他已经一丝不苟地工作了一整天，他回到家中，当然要把领带扯开，把西装甩掉，穿上最舒适的拖鞋。他可不会希望这个时候妻子在一旁指责他没有把鞋子放好。所以还是放下你手中的钝器吧，环顾一下你的屋子，可能除了一点点杂乱之外，反而增添了某种温馨气息呢。

舒适

妻子在装饰和清理自己的家时，有一点是值得关注的，即丈夫最需要的是舒适。在舒适的环境中，你们的婚姻生活才会变得舒适。然而，有的小物件，比如几个做工考究的桌椅、柔软的皮毛织物、精致的盘子，这些东西在女性看来十分优雅迷人，但是一个身心疲惫的男人对此却往往不感兴趣。这样一个地方应该是他非常渴望的：搁脚、放烟灰缸和烟斗有足够的空间，他伸手就可以拿到的遥控器和他喜欢的报纸杂志。如果你见过单身汉的房间，不难明白男性所喜欢的布置方式。有些女士在这些方面还是懵懂，不妨去单身汉的房间参观一下，或许能得到一些启发。

路易斯·C·派克是我们的家庭医生。我听说最近派克医生又重新装潢了一遍他的办公室，一层高档的皮革铺在纯木质的桌子上，甚至可以躺在宽敞柔软的沙发上睡觉，一个古典样式的铜制吊灯安装在天花板上，笔直而下垂的窗帘……有一天，我看到一些男病人在那里候诊，他们看完派克的办公室后颇为羡慕。对于派克医生来说，他的办公室就是另外一个家。

另外，我还认识华特尔·林克，他是擅长布置家庭环境的一个单身汉。这位地理学家在新泽西州石油公司任职，他在纽约市买了一间超现代公寓，来自世界各地的纪念品充斥在这个公寓里，这些都是在林克先生去世界各地出差时带回来的，比如手工染织布是爪哇的、木雕是刚果的、象牙工艺品是东方的。林克先生的公寓简直变成了一个艺术长廊，它光线充足，既宽敞又舒适，散发着一种独特的魅力。很少会有女性有把自己房子装饰成这样，难怪林克先生这样优秀，却迟迟不肯结婚，宁愿做一个单身汉。

太太们在布置房间的时候，很少会考虑男性对家居舒适度的要求。我和桃乐丝也在这方面产生过摩擦。那时，在巴黎桃乐丝看中了一个精美小巧的仿照古典风格瓷烟灰缸，她很喜欢，就买了回来放在家中，可是客人们并不喜欢这个精致的烟灰缸，它一直被闲放在角落里。很显然，如此受欢迎的几个普通烟灰缸都是桃乐丝在廉价商店里买的。人们通常都会喜爱和敬畏看到的精致东西，它的实际功用反而被忽视了，在家中一旦多了类似的东西，必然会形成一种禁忌，烟灰缸不能盛烟灰，蜡烛不适合点燃，不能尽情使用餐具，丈夫当然会因此感到不舒服。

你辛辛苦苦布置的房间时常被搞乱，假如你发现破坏者是丈夫和孩子们，请不要冲他们发脾气，也不要急于让他们恢复原样，你应该坐下来好好思考一下，是不是由于你的布局方式有问题才造成了这样的结果，是不是丈夫和孩子不喜欢你的布置。你可以先回想一下丈夫的生活习惯，是不是他喜欢随手乱丢报纸？

这时，你也许就能发现，茶几太小又太远了，并且上面还堆满了你精心挑选的各种装饰品，丈夫当然就放不下自己的报纸。抽烟的丈夫经常弄得满地都是烟灰，如果烟灰缸小，就为他多准备几个，为了便于他找到烟灰缸，可以放置在房间不同的地方。他是不是经常在你精致的脚垫上放脚？如果是这样，就在客厅里多为他放置几个结实舒服的脚垫。为他准备一个固定的地方存放烟斗、照相机、收藏品和报纸，不然他就只能将这些东西和其他杂物堆在一起，要不就会把它们扔在阁楼的角落里。

当丈夫在自己的家中感到非常舒适，他自然就不会产生到其他地方去的想法了。

秩序和清洁

当丈夫回到家中，打开门看到这样的景象：妻子没有准时把饭菜做好，厨房里还堆着未洗的盘子，脏衣服堆满了浴室，卧室里乱七八糟的，而太太坐在沙发上看无聊的书，或是悠闲地修剪指甲。这时，他当然会愤怒地摔门而去，到球场、酒吧，甚至其他一些灯红酒绿的场所。对于大部分男性来说，他们宁愿在整齐干净的茅草房里居住，也不愿意在杯盘狼藉的别墅中栖身，男人们除了对自己的凌乱可以忍受外，对别人的邋遢几乎无法忍受，更何况这个人是和他关系密切的妻子。

在和桃乐丝结婚前，我曾对一位漂亮女士抱有好感，但是，我很快就打消了向她求婚的念头。我有一次到这位女士的公寓中去探望她，发现她的房间乱得无法形容，就好像强盗刚刚洗劫过一样，我当时只能落荒而逃。所以，各位可爱的小姐们，千万要把你们的卧室整理好，你心仪的对象说不定什么时候就会来拜访你，千万别因此吓跑他。

上面的这些情况是由主妇们的懒惰造成的，妻子懒惰久了会让丈夫产生不想回家的想法，他宁愿耗在办公室里，或许会跟同事们一起去外面花天酒地。当妻子们由于偶然的状况，比如因需要解决一些不寻常的问题，而耽误了做家务，只要不是经常发生这种情况，那么妻子都会得到有修养的丈夫的体谅，而且丈夫也会帮助妻子解决这些问题，甚至会在帮助妻子的时候愉快地吃剩菜。

愉快而祥和的气氛

曾经有一项关于员工生活的调查，是由《福星》杂志为一些公司设计的，员工们控制环境的能力是调查的主要内容。有一位总经理当时这样说："我们在公司可以把员工的工作环境控制好，而且我们也期望员工在家中能拥有一个好的环境，但是这种事情我们无法控制。"妻子当然控制着家里的气氛，她所创造出来的家庭环境与丈夫在事业上的表现总是息息相关。

妻子们通常都不希望看到丈夫的身体和精神完全被工作占据，那样会导致丈夫们身心疲惫，没有时间和精力经营家庭，但她同时又希望丈夫能够努力工作，争取表现出最好的一面，尽力为家庭打拼。假如妻子们能够把愉快祥和的家庭氛围创造出来，也会帮助自己实现上述的期望。

洛杉矶家庭关系协会的会长保罗·波派诺博士说："节奏紧张又充满竞争的现代社会生活，让人们根本无法像野餐那样轻松愉快地工作。在这样的环境中，男人们如同一头警觉的狮子，丝毫不敢懈怠。只有当下班铃声响起时，才能长舒一口气，这时他才开始渴望安宁、舒适和关心。当然自己的家是他首先想到的地方。家庭应该成为男性的避难场所，他在这里能够卸下全副武装，暂时摆脱业务的纠缠，享受充分的放松。"

公司里的人会千方百计找他的纰漏，幸灾乐祸地看他丢失了一个大单。但是，一旦回到家里，所有这一切都不一样了，家中有一位天使在等待着安抚他，他所有的优点都能被她发现，并给他精神上的支持，给他最需要的安慰和鼓励。这些天使从不给先生制造任何麻烦，也不会让丈夫为自己的事情烦扰。每天都把家务打理得井井有条，简直就像田螺姑娘一样。抚慰他的神经，恢复他的能力就是她最大的能力，她能愉悦他的心情，她还能让他在第二天早晨精力充沛、神采奕奕地去上班。如果妻子能够在家里制造出这种气氛，可以说她非常了解自己的职能，也完全尽到了做妻子的义务！

妻子让丈夫产生的感觉应该是这样的：他回到家后就成了国王，而不是在公司里的那个对人唯唯诺诺的小职员，也不是霸道的女性王国里的那个令人讨厌的破坏专家。当你打算重新装潢新房子时，或是你需要添加一件新的家具时，起码要和丈夫商量一下，向男主人征询一下意见，而不仅仅是递给他付款账单。如果丈夫想要亲自下厨，那么，在星期天的晚上，不妨让他显示一下自己的厨艺，哪怕你的调料被他撒得到处都是，然后还得由你清洗堆积如山的锅碗瓢盆；如果你的丈夫想买一个摇椅，以便能够躺在上面休息，那么你可以暂时放弃打算购置古典沙发的计划。有时候也许你会感到这不公平，这也是人之常情，但是最终你会发现，他对这个家的喜爱日益加深，对你也越来越依恋。其实丈夫和你一样对这个家充满了情感，也和你一样非常关心这个家。而且，如果他能够决定更多的事情，他会觉得家庭的意义十分重大，这也能够让他相信，这个家对他来说非常重要。

有这样一对夫妇，温顺可人的女主人双手非常灵巧，而且只用了很少的钱就买到的优质材料，装饰出了最好的家居环境，她有甜美的长相，也用温柔甜美的色调装饰屋子，屋内的气息精巧别致、几近完美。可是她的丈夫却如同西部地区勇敢的牛仔，高大、浓眉粗发、整日烟不离口，又极具男子汉气概。在这个充满了女性化的环境中，这个牛仔经常感到不自在。他总是到森林里的小屋去招待他的朋友和同事，要不就去海边钓鱼，尽量不让他们来家中做客。虽然他们彼此相爱，但是随着时间的流逝，他们之间的矛盾越来越突出，并接连发生冲突。女孩不停地抱怨这样的情形，但她一直不肯为了丈夫而改变自己的家居风格，布置一间适合丈夫风格的房间。

有一点我们应该明白，你一旦步入了婚姻的殿堂，就必须把做家务的责任承担起来，而让丈夫获得幸福感和满足感才是妻子做家务的真正目的，这样你们的婚姻才能更加和谐。家是他避风的港湾，是他灵魂的栖居地，而不是冰冷的酒店，更不是废弃不用的仓库。为了你最爱的丈夫，请为他营造出一个充满爱意、平和舒适的家吧。

请记住下面这些基本原则，它会让丈夫更加充分感受到家的温馨和妻子的柔情：

（1）你们的家一定要整洁有序，但不一定是一尘不染的。

（2）你们家中一定要有轻松的气氛。

（3）你们家一定要有十分舒适的布局和装潢。

（4）家里一定要有欢声笑语。

（5）夫妻是一体的，这个家是你们共同拥有的。

给他"性福"生活

一个适合丈夫的生活氛围是由甜蜜的家庭生活营造出来的。夫妻性生活的契合度也体现在双方对婚姻的满意度上。如果妻子由于身体的原因无法产生性的欲望，在进行性生活中自然也体会不到快感，久而久之，会导致婚姻生活变得乏味，双方的感情也渐渐变得冷漠。

有些人天生就性冷淡，也就是说她们与生俱来就不渴望性生活，不能愉快地进行性交。还有一种情况，或许是出于某种原因，她们抗拒性生活。各种各样的后天因素导致了大多数人的性交障碍，有时这种情况是非常短暂的。男性中的性冷淡患者没有女性多，有医生宣称，大概有一半女性患有这种病症。这个结论可能有些夸张，但是我认为，在婚姻生活中表现并不那么好的女性至少有四分之一。这绝不是一个好的现象。

一旦丈夫发现妻子对夫妻生活毫无兴趣，他们的兴趣也会因此骤减。因此有的男人甚至还会对女人大发脾气，从此憎恶自己的妻子。进行和谐的性生活也是一种有效约束丈夫的方法，它能让他们因此不会去鬼混。而那些本来就不爱自己的妻子的男人，现在正好找到了可以要求离婚的借口。

给已婚女性的忠告

女人在婚后履行不同的义务，为了不让自己在结婚后陷入窘境，解决问题的最佳办法是：只有在自己的丈夫面前，你才能显露出性感的姿态，不要让他以为你在其他的任何场合都在招蜂引蝶。这是我对妻子们的忠告。如果已婚的你为了吸引众人的目光，依然做出像一个未婚女子那样大胆的动作，就会为自己招来麻烦。

任何卖弄风骚和公然挑逗他人的女性都不会讨男人喜欢，如果别人觉得，你可以随意与其他男性睡觉，那将是非常糟糕的。如果不让丈夫看到你安守本分的女人特性，那么你就绝不会有好的下场。你是一个非常稳重的已婚女人，这一点要时刻记住，你甚至可以光明正大地享受有男性陪伴的乐趣，但前提是，这个男性必须是你的丈夫。你对自己的丈夫是非常满意的，这一点你要让周围的人都能感觉到，你的初吻献给了他，你拥有他妻子拥有的独一无二的地位。

其实，除了多了几项约束，以及某些义务需要已婚女性去履行外，好处还是有很多的。因为你是一个已婚女性，所以能够轻松自在地跟男性谈话、跳舞，而不会引起其他的非分之想。一个男人会因为单身女性的挑逗而感到紧张，想和这个男人结婚往往是这些单身女性的目的，或是她想从他那儿得到一些东西。

一般来说，一位已婚妇女的挑逗不会让一个男性感到神经紧张，因为一个已婚女性是非常安全的。通常，她没有从他的身上获取什么东西的想法。一个已婚的女性被丈夫深深地爱着，在生活中，她结识男性只是为了多认识一些朋友罢了。太太可以有一个男性朋友，也可以有多个男朋友，一个没有女朋友的单身汉也可以是她的朋友，有了温柔妻子的已婚男性也可以成为她的好朋友。已婚女士可以坦然与男人共舞，接受男人们的称赞，享受社交的快乐。因为所有人都知道，你只是想让他们感受到自己的魅力，并不是为了从他们身上捞取到任何物质或好处。

如果你对某位男士很欣赏，并且很感兴趣，但那只是出于欣赏的兴趣，而不是想和他做罗曼蒂克的事儿，因为你深深爱着自己的丈夫，这一点你很清楚。而你只是想和这位优秀的男士吃一顿午餐、见上一面，这时你可以邀请他和他的妻子到你们家共进午餐，你还可以让你的丈夫招待他们。如果单独和这位男士吃饭，未免有点过于大胆了。尤其在和男人单独进餐时，未婚女性往往会感到茫然无措。但是，你就不一样了，你是大方的优雅的妻子，你和你挚爱并信任的丈夫共同生活，婚姻还把与这个世界上其他男性自由交往的机会提供给你。因此婚姻也把一个既安全又强大的基地给了你。

替别人做媒也是已婚女性的一个乐趣。为周围的亲朋好友物色对象是她们的喜好。的确，让互相有感觉、互相欣赏的人成为夫妻，是一项非常值得赞赏的活动。太太们也常常在做媒的过程中感受到快乐和满足，似乎是她个人的能力的体现。这种感受是一个已婚的女性非常愿意体会的。

保持婚姻活力

我们必须面对的问题——性一直陪伴着婚姻生活，这个问题没有什么难以启齿的，是家庭生活中很重要、也很平常的事。人的惰性产生于安逸的生活，婚姻生活也是如此。生活过得太舒适，夫妻间例行公事地进行性爱活动，是一种不好的兆头。因此营造新鲜感，维持性生活需要的精力和欲望就变得非常重要。在大多数人的婚姻生活中，性爱活动能否继续下去与丈夫对性生活的欲望有关。

如何才能保持丈夫对性生活的兴趣和欲望呢？其实答案很简单：要想让夫妻间的性生活能够得到延续，你们的婚姻必须充满活力。更进一步说，婚姻的活力怎样才能保持住呢？我们都知道，生活的大敌是枯燥单调。结婚以后，很少有人再有欲望去做那些罗曼蒂克的事情，柴米油盐似乎成为家庭生活的主题，你们浓烈和甜蜜的感情被生活中的琐事、家庭的重担消磨掉了，你们彼此变得沉默寡言，显得有些冷漠。

时刻警惕并防范你们的婚姻生活遭到单调的袭击，是一个优秀的妻子要做的事，你必须抵抗生活的枯燥，不断地发展和完善自己，长久地保持对外界事物的好奇心，这当然是需要你走出办公室，而并不是"走出厨房"。有的办法是具体可行的，比如：在你回家之后，可以告诉丈夫，错过了一个重要客户的电话是那个"糊涂蛋"干的，做错财务报表是那个马虎会计的"成绩"，老板是如何没酒量，诸如此类。你们或许因为这些趣闻能够开心一两个小时，或许会一直开心下去。聪明的妻子懂得如何保持婚姻活力，她们会把每一个彼此生活中的细节讲给他，然后共同讨论。

如果你还是天真又不成熟，跟结婚前一样，那只能说明你需要认真地承担起作为妻子的责任来。每经过一年，你就有所长进，变得更加美丽、更加动人、更加可爱、更加诙谐，这些才是你所应该追求的。你可以让发式变得漂亮一些，学会按摩，积极锻炼身体，修饰你整洁圆润的指甲，每天必须修饰自己。假如你有很高的收入，并且很成功，就应时刻保持自己美丽的外表，这不仅是尊重别人，也非常有帮助于你的婚姻生活。你的丈夫眼前一亮，是因为你又穿了一条漂亮迷人的裙子。

在谈恋爱的时候，也许你会发现，你的男友一般不会注意你穿了什么衣服，涂了什么眼影，但是这些却会被丈夫们十分看重。请你仔细地观察自己一下，作为一个女性，你是充满活力和性感，还是一直不加修饰、头发散乱？你是否注重锻炼自己的体形？是否每天不苟言笑、不懂幽默？那样的妻子只会让丈夫厌恶，并因此扼杀夫妻间的性爱。

尽量满足丈夫的性爱要求

已婚的女性要记住，不要轻易拒绝丈夫的性爱要求。不能以精神和身体疲惫，或者需要思考问题为借口逃避性爱。丈夫会因为你的拒绝认为自己没有魅力，他会觉得妻子有什么事情隐瞒自己。但是有一种情况例外，就是当你枕边的人和你发生冲突时，你两眼满含泪水或是瞪着天花板，只会恨他恨得牙根儿疼。

丈夫在妻子那里哪怕只受到一次压抑，也会严重打击他极强的自尊心，在以后的日子里，很可能他会因此记恨你，会让你们的婚姻蒙上一层阴霾。任何人都无法容忍别人对自己自尊心的伤害，更何况他是你的丈夫。你的拒绝会让他感到更加难堪。

如果有人对你说"对不起，我头痛"，你肯定会明白他说的另一层意思，这就是推辞与拒绝你的要求，尽管这种表达方式很婉转，但是一颗雀跃的心却依然受到了伤害。当然，这种情况也许你从未遇到过，在很不情愿地接受丈夫的要求时，即便你的身体不能产生快感，起码你也不会有任何损失。

可能这么说有些过分，但是，假如你不拒绝丈夫的要求，而是对他表示出亲切与友好，说不定会改善你本来欠佳的心情，自己也会感到快活起来。

我们不能说只是你的身体吸引着丈夫，但你的忠实伙伴是你的身体，丈夫对你的身体发生兴趣，起码能说明你们的婚姻还保持着一定的活力。假如有一天他对你的身体不再产生欲望，那也许说明他就要抛弃你！一个成功的女性在生活中总会有许多愉快的事儿，在实现自我的过程中，丈夫就显得非常可爱并且十分重要，你愿意成为他灵魂上的伙伴，同时，这个伙伴也是肉体上的——一个在性爱上能够达到最佳契合的伙伴。

帮助他专注于工作

　　我在几个月之前遇到一位满脸疲惫的老朋友，我看到一向精神抖擞的他变得如此不快乐，便询问是否遇到了什么不如意的事情。

　　"我真不知道该怎么做才好，"他说，"这六个月以来，公司一直在准备设立一家分公司，为此我在加班工作。每天我都很晚才离开办公室，深夜时才能到家。我想，这种情况只是暂时的，我在忙完了这一段时间后，回家肯定会恢复正常的作息时间。我感到不快乐，是因为我的妻子海伦，而不是因为工作繁忙。你知道海伦该有多么任性，她经不住寂寞。我最近很少回家吃饭，让她很不满意，她责怪我周末不能陪她一同逛街买衣服。对此，我真的无能为力，我没有精力兼顾其他的事情，因为每天工作已经让我疲惫不堪，建立这家分公司对我们今后的发展有重大意义，但是，我没有办法让她了解这一点。我非常担心海伦的状况，这让我几乎没有办法全心全意地工作。"

　　听完老朋友的诉说，我知道家庭和工作的双重压力正在考验着这位可怜的人，难怪他如此疲惫。

　　他所面临的问题，也让我立刻联想到了我和桃乐丝之前遇到过的类似状况：当时，我正在非常忙碌地写一本书，几乎达到了废寝忘食的写作状态。毫不夸张地说，我忙碌得几乎没有时间和桃乐丝多说一句话，多看她一眼。但我们还是熬过来了，在这期间，我也并没有像这位可怜的朋友一样烦恼不堪。

甚至我都不知道，那个时候桃乐丝和我谁更辛苦一些。我不得不公平地讲，虽然我一直在家里写作，但是我几乎很少能看到她，因为我经常将自己关在屋子里埋头写作，而且总是要工作到深更半夜才结束，几乎天天如此，这种情况一直持续到把这本书写完。

那时，我们好像不是一对夫妻，因为在此期间，我们几乎没有一起参加过社交活动。为了尽快完成这本书，我们甚至舍弃了所有的娱乐活动。不过幸运的是，每次，当桃乐丝一个人去参加朋友们的宴请活动时，都能得到大家深深的理解。

后来，桃乐丝和我谈起那段时期的情形时，说自己当时感到非常孤独，和海伦现在的状态一样。但是我的妻子并没有因此责怪我忽视了她，因为她知道我正忙自己的事业。相反，我是否按时吃饭、休息，或者去外面呼吸新鲜空气，还一直受到桃乐丝的密切关注。与此同时，她担心自己会感到孤独，还主动去参加一些俱乐部的活动，时常去拜访我们的亲戚和朋友。后来她还说，她的很多兴趣爱好是在那段时间培养起来的。

这种情形有些不可思议！我的书很快写完了，再也不需要每天把自己关在房间里。桃乐丝和我又像以前那样可以一起去参加社交活动了。

如果丈夫得到妻子的嘉许和鼓舞，他们就会毫不在意手头工作以外的其他事情。

而对于太太们来说，虽然某些异常艰难的日子不会像野餐那样轻松愉快，但是那些工作对于她们能干的先生来说非常重要，或是先生们对此非常着迷。妻子打心眼里不愿意看到丈夫那样劳碌，其一是会影响到丈夫的身心健康，其二是会失去夫妻之间许多重要的交流和乐趣。但是，妻子心中所产生的不满即使再多，也不应该将怒气洒在丈夫身上，毕竟，繁忙的工作已经让你的丈夫足够辛苦了。此刻，作为妻子应该如同护士一样，安静地为丈夫的健康守护着，同时还要咬紧牙关，成为丈夫的精神支柱，等待正常生活静静地到来。

当生活中几乎所有的娱乐时间都被如此异常繁忙的丈夫占去了，太太们应该怎样做呢？应该表现出怎样的姿态才能与这种不寻常的生活相适应呢？为了让他轻松地度过这段时期，太太们又应该如何做才能对自己的丈夫有所帮助呢？

以下这些方法曾对桃乐丝有所帮助，在那段特殊时期产生了很大的作用，我相信，它一定也能帮助那些像海伦一样的女士！

1.为他准备有营养的食物

常常送给他一些吃的东西，但是每一次都不要有太多的分量。如果他必须占用吃早餐的时间，并且需要工作到很晚，那么在他拖着疲惫的身子回到家之前，你要准备好一些容易消化的小点心。比如那些比较容易消化的食物——烤苹果、果汁、蛋糕、沙拉、芹菜和胡萝卜等。这些小点心做起来也不是十分困难，用一顿下午茶的时间就足够了。

如果丈夫工作的地点不受约束，他们可以在家中工作，或者可以按时回家吃晚餐，那么太太们就一定要注意了，千万不要给丈夫准备许多不易于消化的东西，并强迫他在整夜工作前吃掉。这时候的你，最好多阅读一些关于饮食营养与健康方面的书籍，或是向你们的家庭医生咨询一下，如何帮先生准备一些能够增强体力的食物。

2.独自参加社会活动

这段时间，你最好是向朋友们展现一下自己的社交能力与魅力。

你要学会让自己在参加社交活动时变得更有分量，即使身旁没有丈夫寸步不离的陪伴，你也一样能够成为一个受欢迎的宾客。许多情况下，在出席一些场合时，要尽量避免让自己成为一名多余的女士，而在另外一些舞会上，你就会像五月的阳光那样灿烂迷人。

在这段时间里，你也应该尝试去做一些以前没有时间做的事情，而不要一直抱怨丈夫没有陪你去逛街。例如，你可以去画廊参观、去听音乐会、去教堂，或是到社会上去做义工，也可以去参加一些自修课程，或是到某夜校去学习，这些建议都是不错的。

你会因这样的计划得到诸多好处，并且你的丈夫也不会担心你过得太寂寞。

3.悄悄给他小惊喜

你把小点心悄悄地送给他，你为他留的夜半时分的灯光，你床头放着的营养与健康方面的书籍，都可以说明你很理解与支持丈夫。即使丈夫忙得昏天黑地，根本没有时间关心你，但是当他吃着点心、路过客厅、进入卧室，对你的感激之情便会涌上他的心头，并且为此感到甜蜜。他工作上的压力会因此有所减轻，他也会更加爱恋你、关怀你，也能够更加巩固你们的感情。

如果你确信自己可以轻松而高兴地完成上述几件事，那么在结束这个巨大的工程之后，如同二次蜜月般的生活就可以降临到你们身上，这便是对你成功的嘉奖。

当他在家中工作时

如果你的丈夫每天有八个小时在办公室工作，并且不是十分忙碌，那么这样的太太们就可以不看这一节的内容。相比那些需要把工作带回家的丈夫的太太们，你们实在是太清闲了。但是，如果你足够聪明，我劝你还是了解一下这一章节，因为谁也不能轻易断言，你的丈夫可以一直不在家工作。

如果丈夫需要长期在家完成工作，而你又能够在一旁默默地支持丈夫，并且把家务处理得很好，无疑应该得到赞许。想想看，你打扫丈夫工作的房间时必须踮着脚尖，而且还要悄无声息，即使是技艺高超的芭蕾舞者或许都不情愿这样做；他的要求你可能必须接受，把你刚刚用到一半的吸尘器关掉，因为丈夫的思路会受到那些嘈杂声音的影响，你不得不轻轻地跪在地上用抹布擦拭地板；或许你也无法像以前那样经常邀请朋友来家中做客，因为习惯安静的丈夫不能忍受那样嘈杂的声响。

虽然有很多不好的方面，但是，如果你嫁给这种类型的男人，还是希望你能适应他的环境和他的工作习惯。只要你对你的丈夫体现出相应的爱心，能够时常用良好的心态去看待并理解丈夫，并且有决心为此付出努力，掌声和鲜花就一定会属于你。这一点有许多妻子已经做到了，我相信在座的诸位当中，这样成功的妻子一定不在少数。下面我给大家介绍一位非常出色的妻子。

为他打造一个甜蜜的家

这位凯瑟琳·吉利斯太太的丈夫唐·吉利斯是一位优秀的作曲家，他有十分出色的事业，是NBC交响乐团广播音乐会的现任制作指导。美国和欧洲的主要交响乐团都曾经演奏过这位先生的交响乐作品，亚瑟琳·费德罗和阿图罗·托斯卡尼尼这么著名的大师也曾经演奏过他的乐曲。他有非常卓越的音乐天赋，很小的时候，便在一个著名乐团取得了不寻常的成就。

吉利斯夫妇是我们在纽约佛环斯特山时的邻居。这对夫妇的朋友们（包括我们在内）都知道，在她先生光辉的生涯中凯瑟琳扮演的角色极其重要。

这位作曲家在家里创作完成了大部分曲子。虽然他的家中有一间属于他的工作室，但是吉利斯先生更热衷于在餐厅的桌子上创作。贤惠的凯瑟琳从不计较丈夫的这种习惯。正如她所说的那样，她只不过是在他的身边工作而已。除了要忍耐丈夫的特殊工作，凯瑟琳还需要照看两个十分活泼的孩子。如果他们吵闹声太大，丈夫在餐桌上进行的创作就会受到影响，因此凯瑟琳便想方设法让孩子们去做一些不会分散别人注意力的事情。

经凯瑟琳如此细心地管理，家庭便成为工作和娱乐的理想之地。这位太太还有一手高超的烹饪技艺。凯瑟琳亲手制作的冰激凌、甜美的糕点，以及其他一些可口的点心，制作好后，把它们放到冰箱里。但是，她从来不会让丈夫、孩子乱吃东西，她会严格控制家中食物的消耗。当她认为自己的家庭需要过一种简单朴素的生活时，就会锁好冰箱，藏起钥匙，对家人的食物热量加以控制。

就像许多艺术家一样，虽然他们具有激情和才华，可是经常也为家庭的经济预算感到烦恼。于是，丈夫的非职业性的业务经纪人就由能干的妻子凯瑟琳担当起来。丈夫的合约要经过她审查，审核丈夫更适合哪一家公司的合约，家庭预算也要由她来做，要计算出这个月他们能够节约多少钱，如何增加家庭收入，这些都是她整日思考的内容。

我格外羡慕凯瑟琳的出色表现，所以请凯瑟琳总结一下自己的一些生活经验。详细说明妻子要如何做才能适应在家工作的丈夫。

凯瑟琳说："你一旦适应了之后，事情不但可以变得不再困难，而且还会发现非常有乐趣。如果哪天丈夫在录音室工作，而不是在家里的餐桌上搞创作，反而会让我非常想念他，我希望看到他一直在我的身边！"

以下几个能够帮助丈夫在家中有效率地工作的原则，就是凯瑟琳提出来的。

1.给他独立空间

妻子去做自己的工作，要离开丈夫。你一定要抑制住推开门去看一看他的冲动，并告诉自己，丈夫正在忙于工作，我过一会儿再去看他有什么不可以呢？

不要因为一点小事儿就去打扰丈夫，你应该尽可能自己去做诸如开门、照看小孩，或付小费之类的琐事，就当作丈夫不在家一样。

2.保持冷静

丈夫可能因为工作不顺心，而心绪烦躁，作为妻子，不要因此而烦躁，更不应慌乱，一定要保持冷静，这样有助于缓解丈夫的情绪，理顺心情，更好地工作。

3.避免打扰

丈夫工作时，不要轻易在家搞聚会，除非你的房子是一栋巨大的城堡。另外，要约束好孩子，科学安排孩子们的玩耍时间。我与丈夫结婚八年，丈夫几乎所有的写作都是在家完成的。

第三篇

做他事业的助推器

有人曾说,事业是男人的全部,而女人的全部是男人。不只是为了工作,更是为了生活,妻子和丈夫的兴趣应该紧密地联系在一起。夫妻是命运共同体,为了丈夫的工作,妻子要尽可能多地付出一些。

妻子的工作并不只是整理房间,或是挽着丈夫的手臂出席舞会。对丈夫的事业发挥助推器和加油站的作用才是优秀的妻子担当,只有将丈夫推向成功,才能共同欣赏成功后的迷人风光。

你的社交活动对他很有帮助

在肯塔基州，T.W.海因斯先生十四年前迎娶了他美丽的新娘雪莉。尽管他们二人的婚后生活十分甜蜜，但是雪莉也被许多烦恼所困扰。

雪莉说："婚后，我只希望生活在我们的二人世界里，我不喜欢跟陌生人接触，到了人多的地方就害怕，去参加宴会是让我感到最恐怖的事情。我害羞到无可救药的地步，所以当我的丈夫要带我去参加宴会，我会十分痛苦。"这位太太承认自己是因为胆怯而不敢去参加社交活动。

在座的太太们已经具备了这样的社交能力，这是值得恭喜的，你的丈夫也应该感到幸运，这样的事再好不过了。如果你还没做到这种程度，那么我建议诸位太太像海因斯太太那样抓紧行动起来，培养自己的这种能力，以便配合丈夫的事业。

让自己具备一定的社交能力是每一个优秀妻子都有的责任。如果太太们有能力让自己和旁人十分友好地相处，无形中就会帮助丈夫交结到更多的朋友，丈夫成功的概率就会大大增加。

有一位男人事业十分成功，他原本生活在美国某州的一个贫民区里。这位事业有成的男士在一个非正式的场合中跟我说，他今天之所以能够取得这样的成就，完全是他太太帮助的结果。因为他的那位迷人且聪明的太太是位有素养的女士。

"假如我娶一个女孩子时很随便，我想我根本不会产生进修的想法，也就不会有机会出人头地。但是，我是如此的幸运，感谢上帝帮我娶到了这样一个贤内助。我所缺乏的品质，我的妻子都拥有。无论是在上流社会中与人交往，还是与底层人士打交道，我的妻子总能处理得恰到好处，从不卑躬屈膝，也不会盛气凌人。她总是能自在从容地应付各种局面。"

通常大错特错的想法是，你认为你的丈夫目前只是在底层工作，你不能给他较多的帮助。谁都不是一开始就站在顶峰的，去看看那些工商界以及其他领域的知名人物，他们曾经也经历过那种默默无闻的生活，他们当年也是毫不起眼、无人知晓的年轻人。十年、二十年或者三十年后，说不定你的丈夫也是一个顶尖人物，如果你想为他创立一个好名声，那就请你立刻开始行动吧。

如果你认为自己是一个羞怯的人，那么就要促使自己立刻把羞怯克服掉；如果你认为自己有些愚笨，那么就去多多地欣赏和学习他人的优点；如果你觉得自己无知，那么就请到夜校，并且要摆脱"我没有上过大学"这种没用的借口；如果你觉得自己的钱不足以支付你上夜校的学费，那么你可以去附近的公共图书馆看书。人们往往不同情那些跟不上丈夫前进步伐的妻子。这样的女性由于自己太懒惰，又不愿意积极进取，即使有无数的机会围绕在她身边，她也总是任由它们从自己的指尖溜走。

美国电影协会会长艾利克·乔斯顿的妻子是这样解读婚姻的："幸福婚姻的关键是，要紧跟丈夫在事业上不断前进的脚步。"如果你想不被忙于事业的丈夫甩在后面，就必须拓展自己的交友范围，不断地参与社交活动，而不是在你周围几百平方米的房子中局限自己。

"也许，有的妻子会认为自己丈夫的事业还没有达到需要去参加社交活动的程度，她没有必要去帮助丈夫不断地拓展社交业务。但是，我可以告诉你，当我与艾利克刚结婚时，他也只是作为一个推销员整天向人推销吸尘器，当时他并没有成功的事业，但是，未来会发生什么我们谁也无法预期，我唯一坚信的是，他一定能够成功，然而我必须作好一切准备迎接他的成功。"乔斯顿夫人这样说。

的确，没有人能够预料到未来发生的事情，但是像乔斯顿夫人那样聪慧的妻子，却能够提前做好准备，当机会到来时不至于手忙脚乱。要在你的丈夫获得成功之前就掌握社交技能，你丈夫的事业无论发展到什么地步，无论他从事着哪一个行业，掌握了这种本领就会一直推动他走向成功。假如你的丈夫沉默寡言，那么你恰好可以用自己的社交技能，弥补他在这方面的缺陷；如果他有很强的社交能力，你的帮忙同样不可少，因为再聪明的人也会难免会犯愚蠢幼稚的错误。

我认识美国一家大公司的人事主管，有一次他对我十分自豪地说："有时候我会忽视掉别人的感受，当我比较忙碌的时候更是如此，可是我的太太永远不会以忙碌为借口而忘掉对我的好。"

"我善良的妻子对人也十分和蔼。她会无微不至地关心每一个遇到的人，而她的关心是发自内心的，因此从来没有人会厌恶她。其实我们总能遇到各式各样的人。当我们走进一家希腊人经营的店铺时，我的妻子跟店主打招呼总是用流利的希腊语；当我们到一家意大利人开的商店转悠时，妻子又能用意大利语向对方道早安。而我从不被他们理会，因为我没有像我太太那样不厌其烦地学习各国的语言。当然我的妻子是乐在其中的。"

假如我有幸认识这样一位女士，也一定愿意和她交往。甚至我迫不及待地想认识这位女士了，你们难道不想与她相识吗？

男人们总是以没有时间为借口，而无法与他人建立起一种稳定、牢固而温馨的人际关系。但是，如果这时候你有一个和气友善、精通交际的妻子，那无疑十分幸运了。具有一定社交手段的妻子简直就是无价之宝，无论走到哪里，她都能够把一种打动人心的氛围营造出来，她是丈夫最可靠的亲善大使。当然，成为丈夫的亲善大使也要遵循一定的技巧。

下面就把一位专家——美国新闻广播协会会长的太太罕斯·V·卡夫波夫人的观点介绍给大家。

"'打岔专家'是我的外号，因为我懂得怎样巧妙地打岔，有些尴尬场面可以用打岔的方式化解掉。比如我和先生在参加上一次的宴会中，因为大家谈到了一个很不愉快的话题，让现场气氛变得很不好。这时，我就问我的先生，某某将军现在过得怎样了。随后大家便讨论起这位将军，很快就忘记了刚才的不愉快。"

这位太太的"打岔"能力远不止如此，她经常帮助她那位深受欢迎的丈夫免受无谓的操劳。她的先生演讲之后，人们总是把他围住，与他握手或是要求他回答问题。她当然知道长时间的交谈对丈夫的健康有很大危害。陪伴在一旁的太太这时候就会恰当地递上一个新的话题，比如车子还在外面等着我们，或是我们还要前往下一个约会。

处理好与女秘书的关系

如果说每一个孩子最好的朋友和最忠实的管家是母亲，那么男人事业上的管家就是秘书。一个优秀的秘书必须要照顾到老板的一切需求，以提高老板的工作效率。做秘书的必须密切关注老板的情绪和想法，并且随着老板的情绪变化，帮他消解掉身上的挫败感。秘书的工作几乎无所不包，细小到如削铅笔，大到接待公司的总裁。可以这样说，如果没有秘书们周到而细致的服务，美国这艘商业巨轮就不会如此平稳与顺利地转动。

毫无疑问，秘书在一个男人的成功之路上所扮演的角色十分重要，男人能否成功与秘书的这种作用有直接关系。因此，诸位太太们一定要重新认识丈夫身边秘书的作用。之所以要格外强调秘书与各位夫人的关系，相信不用我多做解释，大家也都明白她们之间的关系为何会那样微妙而又敏感了。

其实，我想把这样一句话告诉给诸位太太：好的秘书是丈夫事业成功的一个重要因素。为什么这样说呢？因为好的秘书就像尽职尽责的妻子，可以帮助老板在事业上取得成功。他的成功是秘书和妻子的共同期待，她们盼望他取得辉煌的成就。如果好秘书和好妻子之间的关系能够消除对立，朝着共同的目标携手奋斗，他成功的速度必然能够加快。

但是，令人遗憾的是，妻子与秘书的关系常常是对立的。一方有时候质疑另一方，两个人有时候嫉妒对方对他造成的影响。女秘书可能认为妻子闲事管得太多，而妻子也会觉得丈夫对另外一个女性过于依赖。所以，表面上看起来相安无事的两个人，心里却波涛汹涌。

我对妻子和秘书的关系有自己的理解。首先，我充分肯定妻子和女秘书的地位以及作用。我同时必须指出，她们之间的关系能否保持友好及和谐，主要由妻子来决定的。因为女秘书们为了保住自己这份还算不错的工作，从心眼里不打算破坏与这位当家主妇的良好关系。

明确了这一点后，诸位太太们就可以学习一下下面的几条规则，以减少自己和秘书之间的摩擦，甚至增进密切彼此间的关系，来共同促进和发展丈夫的事业。

1.不轻易猜疑丈夫和女秘书的关系

由于老板和女秘书的桃色新闻在社会上不断发生，那些待在家中的太太们无疑会坐立不安。丈夫刚刚离开家半个小时，太太们的小脑袋里就在开始猜想，那个迷人的秘书是否在向自己的丈夫道早安；中午丈夫要陪客户吃饭，一定会有那个美丽的秘书陪同吧；下午，那位善解人意的女秘书肯定会推门走进疲惫不堪的丈夫办的公室，给他奉上一杯香醇的咖啡。终于坐不住的太太们一次又一次地走进丈夫的办公室，仿佛是在向世界宣告，这个男人身上已经贴上了属于自己的标签，任何人都不能想入非非，这不单是在提醒自己的丈夫，仿佛也在警告那个风情万种的女秘书。这时，在这位太太的眼中女秘书无异于狐狸精了。

我在这里要奉劝各位太太们，一定要头脑冷静，即使丈夫的女秘书的确是那样迷人。在你的心目中，你的丈夫可能英姿飒爽和风度翩翩，值得很多女人去追抢，但是这并不能代表他能得到他的女秘书的追求。在女秘书的眼里，她对自己老板的认知大多数是建立在欣赏与敬佩之上，很少会对老板动男女之间那种感情。

有许多从事秘书工作的女士是我由于工作上的关系得以结识的，在那些人当中我只看见过一位真正喜欢抢夺别人丈夫的秘书，并且在经过了解之后我发现，这位小姐即使不是从事着秘书工作，而是做其他工作，她也会同样卷入到他人的婚姻生活中。所以说，女秘书和自己老板之间只是单纯的工作伙伴关系而已，大多数是清白的。

这一点妻子应该明白，丈夫们根本没有时间处理那些琐碎的事情，而削铅笔、整理档案、通知客人之类的小事都是女秘书在帮着做，你的丈夫会因此省去一大堆的麻烦。当公司在业务上出现问题的时候，丈夫必须要加班，他和女秘书共同在办公桌前为寻找对策而冥思苦想，他没有在女秘书家中高兴地喝香槟。其实，身为妻子，应该庆幸丈夫有一个细心善良的女秘书做助手。我认为不是每位太太都能时刻关注自己的丈夫，当你没有关注丈夫的时候，在他该吃晚饭的时候你难道不希望有人能够帮助你提醒他吗？还是你宁愿丈夫每天忘记吃晚饭，也不愿意他身边有一个秘书在恰当地提醒他？

2.对女秘书不要嫉妒

我们都知道，一般说来职业女性都需要适当地装扮自己，把自己的个人魅力显现出来。这不仅是自己的需要，同时也是业务上的要求。而那些从事秘书职业的女性，更需要注重自己的外表形象。漂亮的女孩如同一束新鲜的玫瑰花，在改善办公环境的同时，也会使办公室焕然一新。相对而言，大部分正常的男性更欣赏那些时髦而美丽的女孩子，而不会对那些乏味、不懂打扮又没有吸引力的女性产生好感。因为人们都喜欢赏心悦目的事物，任何人都喜欢在迷人优雅、赏心悦目的环境中工作，这种想法非常自然，这与一头色狼瞪着它贪婪的眼珠子，或是抱着一颗龌龊猥琐的心无关。

有的太太会嫉妒女秘书们的青春和活力，对她们的时髦、会打扮和精明能干心生反感。由于业务上的要求，在外做事的女孩子必须把自己装扮得漂亮一些，当然，妻子们同样也可以打扮得魅力四射。其实在这一方面妻子的优势更多一些。与每天需要工作的女秘书们相比，太太们有足够多的时间和金钱用在打扮上。与其嫉妒女秘书的时髦和漂亮，不如同样光鲜亮丽地打扮自己。

大部分太太并不理解女秘书的工作内容，认为她们的工作太清闲，每天只会像一只孔雀那样打扮自己，然后呆坐在那里，她们只需要对所有的男性说几句甜言蜜语，而什么也不需要做，就可以领一个月的薪水。义愤填膺的太太们想到这些时，那些嫉妒的小虫子就会啃噬她们的心。

其实，这都是太太们对女秘书们的误解。这些漂亮的女孩子们出来工作，或许是由于生活所迫，不得已而为之，而在办公室之间穿梭，或许是为了在事业上有所成就。其实这些女孩子更羡慕诸位太太，她们最大的愿望就是，接受上帝的眷顾，放下劳碌的工作，并找到理想的婚姻归宿，与丈夫在一起甜甜蜜蜜地生活。当然，做照顾自己家庭和教育子女的专职太太也是她们的愿望。但是，她们的这个梦想因为种种原因却无法实现，只好出来给别人做秘书。

做一个好秘书也是十分困难的，她们必须付出和妻子们相当的辛劳，因为她们时常要遭到别人的误解，所以她们通常要比主妇们更辛苦。有时，她们付出同样的辛劳，却得不到同样多的回报。

所以，女人作为男人成功路上不可或缺的一部分，妻子可以转变一下对待秘书的态度。不要对那些有魅力的秘书们心怀嫉妒，更不要误解漂亮的女秘书们。

3.不要把女秘书当用人

我对有些太太们的做法感到深恶痛绝。

那些喜欢摆架子的大老板太太们，往往盛气凌人地指挥着别人做这做那，她几乎把丈夫公司里的员工都当成了她的用人。

诸位太太们，如果你们想让自己的丈夫在事业上获得成功，并且得到员工们的爱戴，就应该立刻停止上述的想法与做法，也请你们立刻改掉指使员工的习惯。

那些秘书们当然也在这些员工的范围之内。不要在工作时间让秘书们为你买报纸、订戏票，或者为你做其他杂七杂八的琐事，也不要让秘书在午餐时间帮你照看小孩。善良的秘书们不得不答应老板夫人们提出的与工作无关的不合理要求，往往出于对老板的尊敬与爱戴，同时也出于对这份工作的热爱，她们不会拒绝太太们的要求，所以，她们只好利用自己仅有的一点休息时间，去完成太太们女王般的命令。

女秘书并不是你们的用人，太太们的这种做法极不妥当。你的先生雇用她来，不是做供您使唤的用人，而是为了工作。秘书和老板之间是领薪水与发放薪水的雇佣关系，所以有时老板们需要女秘书处理一些私人的事情，如让秘书帮助选一些礼物送给员工、客户或是朋友。老板外出时，要由她们去预订航班或是酒店的手续，以及前去应酬客户等等，但这并不代表着太太们享有和丈夫同样的服务。

享受这种服务的太太们，也许应该重新定位一下你们和女秘书们的关系，毕竟，这是在公司而不是在你的家里，是丈夫的公司而不是你雇用了女秘书。

大多数太太还是很明智的，懂得这其中的道理，像上面我所提到的，把女秘书当作自己的用人看待的太太毕竟不多。尽管大多数人已经抛弃了"我是太太，你是用人"这种陈旧的观点，但还是有一部分嫉妒心理较强的太太故意奚落女秘书们，她们这样做，不是出于性格上的原因，就是为了显示自己地位优越。

在这样的情况下，女秘书们的表现通常比一些太太更具风度，也更有涵养。喜欢摆架子的太太们如果遇上这样的女秘书，那就要吃软钉子了，并且也有失风度。太太们这样做显然没有任何好处。太太们要明白，秘书虽然拿了老板的工资，为老板打工，也许她们的职位不是那么重要，但是她们也同样拥有自尊心，从人格上来说，其实她们和诸位太太们是平等的，她们的灵魂同你，以及你的丈夫同样尊贵而崇高。

还有一点需要太太们注意。有的太太们天生对任何人都很和善，相反，活泼热情的个性倒让她们想时时刻刻亲近秘书们。如果丈夫的女秘书自尊心极强，或者她并不喜欢与人过分亲近，那么太太们就要将自己一直拉着秘书的手放下来。这种过分的亲密也同样是不适合的。这时候，可以将《圣经》上的金玉良言作为指导，并且站在女秘书的角度来看待问题，在她们面前表现出良好的风度和态度。

4.对女秘书的帮助表示感谢

有的女秘书真的很善良，又十分能干，有些时候，尽管太太们并没有要求她们帮助自己做事，但是她们大多还是会去做一些力所能及的事情，做这些事情往往对太太们也是有益的。帮助他人做事，事后往往希望得到一些赞扬，这些女秘书们也不例外。所以请诸位太太们不要吝啬你的夸奖之辞，去尽力赞赏这些善良而能干的秘书们吧！

在这里，我不得不提布兰克太太的丈夫的女秘书玛丽莲·柏克小姐，她总是那样善解人意，并不断地帮助我，比如我们计划外出度假，她总是能够替我们提前把房间订好；我们想去外面吃饭，她也总是为我们把餐位预订好。虽然玛丽莲并不介意做这些职责之外的工作，但我们从中获得了许多便利。

我们应该赞扬如此可爱的小姐所做的一切，你可以打一个电话，或者是选一个小礼物送给女秘书以示你的感谢。太太们最擅长做一些这样的小事。

太太们与女秘书们保持良好的关系，让女秘书们安心地为公司服务的同时，也是间接帮助丈夫的工作。我认识一位太太，她的丈夫是一家大型房地产公司的会计主管。她非常善于处理自己与丈夫的女秘书之间的关系，而且与丈夫的感情十分融洽。每当她的丈夫在公司业务上碰到麻烦时，丈夫的女秘书都会打电话给她。

"布兰克太太，一些政府税务部门的人员整天都待在我们这儿，目前你的先生承受的精神压力极大。我不得不遗憾地告诉你，在接下来的四到五天里，我们都要忙于整理公司庞大而繁杂的账目。我能为他提供的最大帮助，就是在他休息的时候，提醒他好好地吃完三明治、喝一杯咖啡，并且会提醒他中午尽可能多休息一会儿。"

因此这位女秘书并没有遭到我朋友的嫉妒，我朋友没有火冒三丈，相反，她内心深处十分感谢这位善解人意的女秘书。此时，这位太太也能够明白自己应该做些什么。在女秘书提到的那几天时间里，我的朋友取消了她所有的社交应酬，细心地照料着布兰克先生，为丈夫精心准备好食物，尽量均衡搭配各种营养，陪伴丈夫熬过了这段劳累的日子。

这种特殊的照顾并不常见，属于特别时期的行为。但是，从这个例子当中，可以看到这两位女士的宽宏大量和识大体。布兰克太太和她丈夫的女秘书有一种共识。帮助布兰克先生是她们两个人的共同目的，从而让这位先生能够以最高的效率来完成工作，在这期间，她们则成为配合十分默契的盟友。

尽管有些妻子未必有机会见到丈夫的女秘书，但是她们终究会碰面。到见面的时候，太太自然而然会表露出对女秘书的态度。所以，为了和丈夫工作上的管家——女秘书愉快而和睦地相处，太太们应该牢记我们刚刚阐述过的几点：

（1）不轻易猜疑丈夫和女秘书的关系。

（2）对女秘书不要嫉妒。

（3）不要把女秘书当用人。

（4）对女秘书的帮助表示感谢。

当你的工作与他的事业起了冲突

在现代社会生活中，女性不必参加一些无关紧要的聚会，和男士们一样，她们也可以走出家门去工作，并拥有自己的事业。但是，随之而来的问题是，女士们的职业和家庭总是相互矛盾。妻子若放弃了自己的事业，势必会为丈夫及家庭带来好处，问题是，为了他和家庭，她是否愿意放弃自己的工作。如果妻子不愿意这样做，那么她也就没有必要继续阅读这本书了。因为她不愿意帮助自己的丈夫，心里只装着自己的成功。

要想帮助丈夫获得事业上的成功，并不是一项轻而易举的工作，妻子必须投入极大的精力，同时还要具备一定的专业精神。除非你对帮助丈夫成功的重要性有极其深刻的认识，而且心甘情愿付出巨大的精力，否则是很难获得成功的。

查泰·威尔士女士金发碧眼、聪慧迷人，在与威尔士先生结婚之前，她在事业上很成功，令人十分羡慕。但是她的想法却因后来发生的一件事情而改变了。

当时，冒险家威尔士先生已经小有名气，因为工作的缘故，与广播演讲经纪人查泰女士相识并相恋了，他们很快就举行了婚礼。结婚几个月后，威尔士便打算进行一次探险，于是，他动身前往位于俄罗斯和土耳其的阿拉拉特山。新婚不久，夫妻便不得不分开。

原本，威尔士夫人希望婚后能够留在家中，继续从事自己喜欢的工作。但是随着丈夫出行日期渐渐临近,威尔士夫人越发觉得不能离开丈夫,于是毅然放弃了自己的工作,决定跟随丈夫一同前往阿拉拉特山。威尔士不愿意妻子因为自己而放弃她心爱的工作,并且说下不为例,就这一次。等他们回来之后,就让妻子继续去从事她的经纪人职业。

经过这次惊险而又刺激的探险,威尔士先生创作了《卡普特》这本书,并且畅销全世界。探险归来后的查泰女士按照原先的决定,又回到自己的工作岗位。但是此时,威尔士夫人意识到,经纪人这个职业与她的探险经历相比,显得无足轻重。那次阿拉拉特山美妙的探险经历反复出现在她的脑海。一年半后,威尔士夫人再次跟随丈夫出发,威尔士夫人在大部分的时间里都要忍受饥饿和寒冷,尽管如此,她却充满激情。

从墨西哥的帕帕尔提波特尔山上刮过来的寒冷飓风,把查泰女士对经纪人工作的热情吹散了。通过这样的探险经历,查泰女士深切地体会到,即使自己的经纪人工作做得再成功,也不如威尔士太太的身份有价值。威尔士夫妇从墨西哥回国后,查泰女士便彻底关闭了自己的工作室。

现在,查泰女士的职业就是威尔士太太,她的大部分时间都在陪伴丈夫,他们一起领略了地球上最美丽最迷人的景色,这样的经历让她充满激情。世界的各个角落都留下他们的足迹,从冰岛到日本,从非洲的草原到马来西亚的丛林,以及克什米尔的山谷,他们一直过着丰富而多彩的生活。

"我原先认为自己的事业重于一切,现在回想起来,那种想法是幼稚的。和探险相比,我之前过的生活非常乏味,不值得一提。我现在过得非常快乐,因为我能分享丈夫的爱好,我们可以共同享受成功的喜悦,也能一同克服遇到的困难。我的先生在《卡特普》书上的致辞,是对我这辈子最大的奖赏:'谨以此书献给我最好的朋友、亲爱的妻子查泰。'我因为丈夫的这句话感到了无比幸福与荣耀，它超越了所有成功的价值。"威尔士太太满怀激情地说。

查泰女士戏剧性地改变了自己的生活方式，毫无疑问，她的决定十分明智。许多专家在研究之后一致认为：对于一个女人来说，最有价值的职业就是增强丈夫的幸福感，为他创造最大利益。

当然，我并不是不尊重那些不得不到外面工作的妻子们，相反，我要向她们致以深深的敬意。我相信，维持生计是当代女士们都具备的能力。

但是，我们在这里要讨论的是，妻子帮助丈夫获得成功的方法。当你运用这些办法的时候，一定牢记，为了协助丈夫工作，你要付出许多精力。如果妻子把她的精力都用在自己的事业上，就没有多余的精力来帮助她的丈夫了。

所以，当你的工作和丈夫的成功产生矛盾的时候，作为妻子，心甘情愿地放弃自己的职业就是最好的选择。

做丈夫的"星期五女郎"

一天早晨，有位穿着时髦的女子扛着一杆猎枪上了纽约的一辆公共汽车，见到这位怪异的女士后，原本昏昏欲睡的乘客们都变得紧张起来，有好多乘客都准备提前下车了，没有下车的人则是紧张地等待着。

这位女士要干什么，是广告噱头，还是一位奇怪的女人？

直到这位女士到达目的地后下了车，司机连同所有的乘客悬着的心才落了下来。

我知道，这不是在拍电影，也不是什么江洋大盗，这只是爱多利亚·菲云在帮忙她丈夫而已。因为有人打算买这支枪，她要把这杆猎枪送到丈夫的店铺去。

爱多利亚的丈夫在一家家用电器公司做推销工作，并有着优秀的成绩，他的很多种拓展业务的办法都是聪明的妻子爱多利亚帮助他想出来的。"星期五女郎"是菲云先生对自己聪明妻子的亲切称呼。

爱多利亚说："在生活中，我先生处处充满热情，用餐、睡觉、呼吸，无不如此，而最能感受到我先生这种热情的当然是我，所以在过去的二十五年中，在他的感染下，为了帮助他拓展业务我想出了许多小方法，我非常喜欢这样做。"

爱多利亚认为自己丈夫正在做的扩大生意、提高销售额的工作意义非常重大。如果这个过程中，自己能够帮他多处理一些细微的、但是又必要的事情，丈夫的才能就能更好地发挥出来。

因此爱多利亚学会了打字，在家里替丈夫处理了许多文件；丈夫几乎要跑遍三十多个州，所以她还学会了开车。

她骄傲地说："曾经我把我的丈夫从纽约时报广场送到了旧金山的金门大桥，他可能会认为这有些微不足道，但是对我来说，这次旅程很奇妙。"

有时候，为了丈夫的事业，这位太太会有意培养自己的爱好，她收集了许多废弃的旧电熨斗，其中有的已经有一百五十年的历史了。同时她还为先生画了许多彩色画报，这样，在丈夫的推销展览会上就可以展出这些熨斗了。

由于为丈夫的事业付出了许多努力，爱多利亚也从丈夫的成功中得到了许多收获。有一次，菲云先生在田纳西州做销售演说，中途休息的时候，观众席上有人笑着问他："我不知道，今天对您的演讲最感兴趣的会是谁，是推销员还是你的太太呢？"

许多太太不愿像爱多利亚那样为丈夫多付出一些。

也许太太们会这样反驳："他雇的女秘书是干什么用的？"

太太们又会这样说："如果公司付薪水给我的话，我也许会那么做。"

许多女人认为，自己不应该操心和参与男人的事业。但是，如果丈夫们有时候能从太太那里得到一些帮助，的确能给男人增添一些动力，从而让他们走得更快更远。

也许妻子能够帮助丈夫处理一些文书上的工作，比如打字、写报告、处理信件，也可以接电话、为他开车，或者是查找资料。如果妻子能做这些工作，丈夫的负担就能够减轻许多，从而有更多的时间和精力去做更有价值的事情。

很显然，如果你希望一个太太能够帮助她的丈夫，但是她却有许多繁重家务事要做，同时有几个小孩子需要照看，而且家中又没有雇用他人，并且还想让她成为"星期五女郎"，那就未免太强人所难了。也有些女人在出色地完成家务事之后，还可以高效地帮助自己的先生。二战后，年轻的彼得·阿塔多服完兵役回到了家中，这位光荣退役的士兵用了八千四百美元和一辆汽车，创办了亚斯坎·莱蒙新汽车服务公司。

后来，彼得公司的生意越来越好，已经有很多人愿意用彼得的名字称呼他的车子了。因为彼得一个人不能同时开车和打电话，这时候，彼得的妻子罗丝就把为先生接听电话的任务主动承担下来，于是彼得在家里安装了一部业务电话的分机。电话分机装好之后，所有电讯发送的工作就由罗丝负责。

现在，彼得的生意越做越好，不得不请合伙人才能完成业务。在彼得外出之时，罗丝除了要负责接听电话，还要处理家务并照看小孩。

"像罗丝这样能干的接线员，即使我付出再多的薪水也雇不来。跟我一样，罗丝会清楚记得老主顾的姓名和地址。这些老主顾们知道，从罗丝那里得到的信息都是准确的，而且也不会想方设法拖延他们。如果我实在跑不过来，她甚至会为主顾们找其他公司的计程车。在这份工作中，罗丝也收获了许多乐趣，而我则十分清楚，我已经离不开这个女人！"

"如果丈夫需要别人为他提供帮助，没有一个妻子会因为忙碌和辛苦而不愿意去做。"罗丝这样说。

如果太太不需要照料孩子，她就完全可以直接去先生的办公室或是营业场所，为自己的丈夫提供一些力所能及的帮助。

这样做的还有贝拉·德拉斯太太。贝拉的丈夫是一位医生，当他需要助手的时候，妻子贝拉就会前去帮忙，直到她的丈夫找到合适的助手为止。贝拉就像原先在诊所工作过一样应付自如。她上午做完家务，下午就去丈夫的诊所帮忙。

"这并不是一项容易的工作，但贝拉和我一样，对我的每一位病人都很关心。" 她的先生解释说。

的确如此，对于妻子而言，为丈夫做的任何事情都是额外的付出。妻子和丈夫把各自的兴趣紧密地结合在一起，不单有利于工作，也有利于生活。夫妻本是一个共同体，妻子为丈夫的工作付出更多的精力完全是值得的。

男人们的工作压力已经被诸位"星期五女郎"们减轻了许多，并且也促使丈夫更快地获得成功。英国小说家安东尼·特洛罗伯说，在他的小说原稿付印之前，只有他的妻子曾经阅读过，并且提出了一些意见。

这位小说家说道："在我看来，这么做有利于发挥妻子的鉴赏能力。"

法国大作家阿尔冯云·道迪起初不敢结婚，他的理由是，结婚之后，男人们很快就会丢失想象力。直到后来他认识了朱莉·雅拉德，才改变了这种看法，他和这位淑女结婚后，才创作出了最好的作品。

朱莉的文学素养和文字鉴赏力都很高，道迪也十分认可妻子的才华。"道迪所完成的每一篇稿子，都会经由朱莉修改润饰。"道迪的兄弟曾经这样说过。

瑞士伟大的博学家以及蜂类研究权威者哈勃，双目失明的时候还很年轻。他之所以能取得这样的成就，与他妻子的协助是分不开的，这位妻子用自己的眼睛和双手帮助了丈夫。

当然，对丈夫的职业没有一定的了解和认知的太太们，要想帮助自己的丈夫也是不可能的。只有在对丈夫的工作有更多的了解之后，她们才能为丈夫提供帮助。

即使太太在丈夫的事业中不能发挥较大的作用，但如果对他的工作有所了解，也有益于增进与丈夫的感情，从而促使夫妻双方成为更加聪慧的伴侣。

《每一个女人都知道的事》的作者是詹姆斯·马修·巴里爵士，爵士在书中描述了这样一幕情景：在上床睡觉之前，玛姬·维利把一本她的未婚夫正在阅读的深奥的法律书籍捧在手中，对她的朋友们解释说："有些事情我也要有所了解，我不想让他知道我不懂他的事情。"

大多数人都认为，妻子们对自己丈夫的工作了解得越多，对丈夫成功所发挥的作用就越大。所以，现在有很多公司都致力于让他们雇员的太太理解这一点。所以各大公司的宣传部门通过制作大量的影片、图书、小册子之类的东西，让太太们获得对丈夫工作的认识，增进对公司的了解。

一家大公司的总经理道斯谢先生这样说道："太太们如果看到这些小册子，她们对公司的事业就会产生兴趣。"

公司的最大盟友就是这些"对公司的事业产生兴趣"的太太们。

作家马丁·肖尔在《今日女性》这本杂志中曾经提到过这样一位太太：她参加了丈夫公司组织的一次访问，太太来到自己先生工作的地方，观察了他操作机器的情景，她的头脑中顿时萌生了一个想法。她回到家之后，向丈夫讲了自己的想法，她建议丈夫用脚踏板代替那些高过人头的杠杆，这样就会节省时间，也会降低操作的复杂程度。听了妻子的建议后，丈夫非常兴奋，立即向自己的老板做了汇报。公司研究之后，按照这位太太的建议将杠杆换成了脚踏板，果然大幅度提高了工作效率。这位太太因此得到了公司颁发的一笔奖金。

男人们会将自己的大部分时间和精力用于工作，作为他的妻子，你有必要了解一下这项占据了你丈夫大部分时间的事业，必要的时候，还要给予他一些帮助，这不仅能够促使丈夫获得成功，你也能在此过程中获得快乐。

每当我阅读名著《战争与和平》时，不仅为托尔斯泰的才华而惊叹，更会想起曾经将这本不朽的杰作亲手抄写了七遍的这位大文豪的妻子。若是在现在，完全可授予她"星期五女郎"的称号。

所以，作为妻子的你并不是先生事业的局外人，你没有理由袖手旁观。若想让丈夫成就他的事业，你应该为他提供额外的助推力，你也有义务做丈夫的"星期五女郎"，并尽力去了解丈夫的工作，在丈夫需要帮助的时候，伸出援助之手，使他能够更加出色地完成自己的工作。

保持丈夫的热忱

已故的佛理得利·威尔森在世时曾经是纽约铁路公司的总裁，生前他参加过许多次广播访谈节目，有一次，在被问到如何才能获得事业上的成功时，这位总裁说道："我深切地认为，大多数人都忽视了一个成功的秘诀：那就是一个人积累的经验越多，那么他做起事来就会越认真，其实成功者和失败者之间没有太大的差距，如果两个人的实力相当，那么，他们的成功率便取决于他们对待工作的热忱度。我发现，那个对工作富有热忱的人更容易取得成功。"一个有实力且富有工作热忱的人，相比一个虽具实力却并不热忱的人，前者的成功概率肯定要高于后者。

一个人对待工作充满热忱，无论他是挖土的建筑工人，或是经营公司的老板，都不会亵渎自己的职业，而是把自己的工作当成神圣的事业，在工作中，他会投入虔诚的态度和深厚的感情。一个人如果对自己的事业怀着热忱与激情，即使在工作中遇到再大的困难，也会不急不躁，并成功克服前进道路上的那些阻碍，满怀信心地去迎接挑战。一个人抱有这种态度，才能最终实现目标并取得成功。

爱默生说："有史以来，任何一项伟大的事业都是因为热忱才会获得成功。"事实上，这句话并不只是简单的美丽格言，它还是能够照亮我们成功之路的明灯。

对工作怀抱热忱才是最重要的事，如果读完这本书之后，你只认识到了这一点，而没有其他任何收获，那样也是相当不错的。单凭这一点，你就足以帮助你的丈夫走向成功之路。

因为，对工作抱着热忱是一个人想要取得事业成功的必要条件，无论你是艺术家，还是兜售香皂的小商小贩，或是工作乏味的图书管理员，以及追求家庭美满幸福的人。热忱就像跑鞋一样始终在你奋力追赶成功和幸福的路上发挥作用。

"热忱"这个词意思是"受到了神的启示"，它源自古希腊语。热忱会让努力工作的人们在拼搏奋斗的过程中拥有无限的力量。

深受学生欢迎的耶鲁大学著名教授威廉·费尔波，在他写的那本《工作的兴奋》一书中，讲了这样一段具有启示性功用的话："在我个人看来，在一切技术或是职业之中，教书是最尊贵的，如果有热忱这种说法，那么这种态度就是热忱。我喜欢教书，就像画家喜欢绘画，歌手喜欢唱歌，诗人喜欢写作一样。每天早上睁开眼睛，就会想到为我可爱的学生们做事。一个人在要想不断获得成功，每天都对自己从事的工作怀有极大的热忱显得尤为重要。"

看到这里，诸位太太们应该能够知道，在丈夫事业前进的路上，你们又有了新的任务，那就是必须帮助丈夫培养他们对工作的热忱。你们可能会问，如何才能培养出这种热忱呢？应该从哪方面着手呢？应该如何提高丈夫的成功指数？在之前的章节中我们已经阐述了，我今天在这里只告诉大家一句简单的话：妻子必须帮助丈夫了解自己的工作，才能让他对工作怀有热忱。这种观念非常重要。

你不妨首先这样告诉你的先生：任何企业的老板都喜欢雇用对自己所从事的职业充满热忱的员工，同时也要让他知道这样的员工是可遇而不可求的。

亨利·福特这样说道："我喜欢那些具有热忱品质的人。他的热忱也能够调动顾客的热忱，结果是显而易见的，我们又做成了一笔生意。"

查尔斯·华尔沃兹创办了"10美分连锁店"，他曾经这样说过："到处碰壁的人才会对工作毫无热忱。"而另外一名绅士查尔斯·史考伯则说："做任何事情都能获得成功的人，往往对所做的事情抱有热忱。"

当然，任何事情都不是绝对的。比如说，一个人对音乐缺少感知力以及掌控力，在音乐这方面又缺少应有的才气，那么他就没有办法在音乐上获得成就，即使他付出的努力和热忱再多，也是无济于事的。从另一个方面来说，凡是那些天生具有才华的人，他们立志会在某一方面获得成就，并为这个理想制订了可行的计划和目标，他们若在追求目标的过程中能够饱含激情和热忱，并且为之而努力奋斗一生，那么他们就会获得最后的成功，无论是在物质上的还是精神上的，都将如此。

有一些工作对专业技术水平要求较高，同时，也需要具备这种热忱。爱德华·亚皮尔顿是一位伟大的物理学家，他在物理学的某些方面做出了万众瞩目的成就。令人敬仰的是，爱德华先生为整个人类事业做出了杰出贡献，曾经协助他人发明了雷达和无线电报。爱德华说过的一句话曾经被引用在《时代杂志》上："我认为，一个人要想在科学上有所成就，他的热忱态度比专业知识要更加重要。"

这句话很有启发性。如果这句话是由一个普通人说出来的，很多不知情的人便会讥讽他说外行话，但是这句话竟是出自一个伟大的科学家之口，我们就该反思：究竟谁才是真正的外行？一个在科学技术方面有卓越成就的权威人物，为何会说出这样的话呢？这恰恰就证明了热忱在工作中的重要性。如果在科学研究上，热忱都如此受重视，那么对于普通职员来说，热忱所占据的分量岂不是更大吗？

在这里，我们不妨借鉴一下著名的人寿保险推销员法兰克·派特的宝贵经验。他在自己的著作《我如何在推销上取得成功》一书中谈到了自己的经验：

1907年，那时我刚刚进入职业棒球队，我当时简直无法用语言形容自己的喜悦之情，但是还没等我从喜悦中清醒过来，我便被开除了——我遭遇了人生中最大的挫折。因为我当时在场上的动作一点也不兴奋，所以棒球队的经理有意让我离开棒球队。经理说我打棒球时，总是慢条斯理地做着各种动作，好像一个人在球场上混了二十多年似的，丝毫没有年轻人的活力。经理还对我说，无论我以后要从事什么样的职业，承担什么样的责任，如果还是像现在这样不能提起精神来，恐怕一辈子也不会有大的成就。

我就这样离开了这个球队，后来又进入了亚特兰斯克球队。随着我的离职，我的月薪也从175美元减到25美元，真是少得可怜！因为我的内心充满了怨恨，所以在新的球队我也没有办法打起精神，但在球场上，我还是会让自己表现得更卖力一些。过了一段时间之后，我的一个老队友把我介绍到了新凡队。到那个球队的第一天，我就做出了我人生中的一个重大决定。

在新凡队，我的过去没有人知道，从这时起，做一名英格兰最具热忱的棒球球员成为我的新目标。为了实现这一愿望，我必须尽快采取行动。

在新凡队的第一场球赛中，我的全身好像充满了电。我一次又一次用全身力气抛出高速球，使对方接球手的双臂都麻木了。记得有一次，我以凶猛的气势冲入三垒，对方那位三垒手被我的气势吓呆了，他忘了接球，我成功盗垒。我记得当时气温高达华氏100度，在球场上我不断地奔跑，来回穿梭，虽然我极有可能因中暑而倒下，但我还是坚持到了最后。这种激情带来的结果，真是让我大吃一惊，至少有如下三个方面的作用产生了：

第一，我的内心里不再有恐惧和不满，我打出了到目前为止最好的成绩。

第二，我的队友们受到我的热忱感染，和我一起打了一场很精彩的球赛。

第三，我并没有中暑，而且在如此高温下还会有这么美妙的经历，无论是在比赛前还是在比赛之后，我都没有如此精力。

比赛结束后第二天早上，报纸上的赞美之词让我十分兴奋。从那以后，我更加以饱满的热忱对待棒球事业，这让我的月薪直线上升，从25美元升到185美元，上涨了7倍多，比我原先的要求还要多。

此后的两年中，我始终担任着三垒手，薪水一直上涨，已经涨到30倍。秘密在哪里呢？秘密就是我拥有一股热忱，这是唯一的原因。

后来派特因手部受伤不得不离开棒球队，改行做了保险推销员。新工作第一年，业绩平平，这让他十分苦恼，当他像当年对待棒球事业那样重拾热忱后，他的业绩开始有了起色，如今，他已经成为保险业中赫赫有名的人物。

假如说热忱可以让一个人创造奇迹的话，那么它对你的丈夫也必然会起到同样的作用。如果你想让你的丈夫有所成就的话，那么从现在起就应该让他认清热忱的重要性，从而树立起正确的做事态度来。

有勇气做"夜校寡妇"

你的丈夫在工作中有上进心吗？他是不是希望能够得到晋升？他在为晋升做着怎样的准备？而作为他的妻子，你为丈夫的晋升是否做出过一些贡献？

很少有人在刚刚工作时就能够获得很高的职位或者具备担任高级职位的能力。对自己的工作有不同程度的期望是每个人都会有的想法，希望在工作五年或者是十年之后能够得到晋升。一个人要想有所发展，除了要一边工作一边学习，还要增加自己的经验和特殊训练。

社会学家W.罗伊特·华纳说道："每个人都能'成功'是美国人建立起来的理想信念，而想要让每个人都能出人头地，接受教育仍是最主要的办法。"他又接着说道："经营公司的人要为员工提供各种进步的机会，就必须利用人事考核、训练计划以及晋升规定。"

许多孜孜不倦、努力学习的人，最终都获得了极高的成就。

查理斯·C·弗罗斯特原来只是一个默默无闻的鞋匠，但是他并没有因此而止步不前，而是每天把闲暇时光用在了学习上，他后来竟成为一名伟大的数学家。

约翰·韩特最初只是一个木匠，他也是利用工作之余的闲暇时间研究比较解剖学，他每天晚上只有几个小时的睡眠时间，最后终于在比较解剖学上做出了成绩，成为这方面的权威专业人士。

约翰·拉布克爵士是一个银行家，他每天需要处理大量的公司事务。但是，他从来没有放弃自己的兴趣，最终成为一个史前学家。

作为他们的妻子，在丈夫独自探求知识的这段时间里，必须要学会独处。她们必须适应丈夫不在的那些晚上，同时要鼓励自己的丈夫坚持学习及研究。

如果太太们不能适应丈夫独自钻研的过程，或是对失去与丈夫在一起交流的机会满腹牢骚，那么，丈夫们会因此感到内疚，即使他和你在一起，也是如此。通常，这样的太太都不了解她们的先生之所以不能够得到晋升的原因，其实这与她们有很大的关系。正是她们的不理解，使得本想努力学习的丈夫丧失了奋斗的动力，丈夫被她们不情愿，甚至带泪的双眼弄得左右为难，继而没有了继续学习的勇气。

这类太太必须认清这样一个事实：男人们不可能天生就获得较高的职位，他们必须通过不断的努力才能达到理想的目标。即使男人有比较不错的运气，并且这些才能在结婚以前就具备了，但是为了不被社会所淘汰，在婚后他们还需要继续努力钻研与学习。令人欣慰的是，一个男人如果愿意训练自己，并为使自己具备更强的能力而不停地奋斗，那以他就不会一直停留在低级别的职位上。

下面是一个极具说服力的事例。

一个名叫海维西的年轻人是我们的故事主角，起初他只是一家信托公司的小职员，但是，他通过不断的努力，终于进入到谢尔石油公司工作。后来他与市长的女儿艾芙琳·英格相爱，两个人很快就结婚了。

但是，不久就发生了经济危机，和许多人一样，海维西也失去了工作。当时，他只能从事书记员之类的工作，但是有太多的人争着抢着要做这种书记员工作，因此，他只好接受了一份为石油管道工程挖壕沟的工作，时薪为40美分，这也是当时他唯一能做的事情。

海维西对我说："为了改善我们的生活，我当时想尽了一切办法，另外我们经营了一家小型高尔夫球场，加上我太太的收入，总的来说，我们的日子还算说得过去，但是，之后我又被调到了别的城市做会计工作。而当时我对会计工作一窍不通。"

"因此，为了改变现状，我想到的办法就是学习，于是我开始在一所夜校学习会计课程。我认为，这是我做过的最聪明的事情，为了弥补我在会计知识上的不足，我把所有晚上的时间都利用了。

"三年之后，我的薪水翻了一倍。我马上又报名参加法律方面知识的学习班，经过四年持续不断的学习，我不仅修完了全部的学分，还拿到学位证书，后来又通过了律师资格考试，获得了律师执照。

"与此同时，我并未感觉到满足，后来我又回到了夜校，准备参加会计师资格考试。后来我又学习了一些演讲的课程。令人兴奋的是，经过十多年的学习，我现在的薪水已经比多年前挖壕沟时的薪水涨了十多倍。"

现在，海维西先生不仅经营着一家属于自己的律师事务所，还分别在俄克拉荷马州的法律学校和会计学校给学生们授课，他曾经是学生，而如今他已经成为学识渊博的老师。这位律师的例子告诉我们，男人要想获得成功，只有通过不断的学习，这一点任何一个愿意付出时间和精力的男人都可以做到，而要做到这一点，太太必须和丈夫通力合作，达成共识。

白天男人需要工作，晚上还要在夜校持续不断地学习，这样的事情并不轻松，妻子给予丈夫足够的信任、支持与鼓励是非常重要的。经常上夜校，会让男人感到失望和疲倦，并且时常会对自己的努力到底能否发生作用产生怀疑。因此，在这个时候妻子千万不能拖丈夫的后腿。

当然，做好一个"夜校寡妇"也不是一件轻松的事情，在你们刚结婚的那几年里尤其如此。那么"夜校寡妇"应该怎样让自己的心境保持平衡呢？有一个最有效的办法，就是为自己拟订相应的学习计划。

如果条件具备，而且对丈夫所报的课程也比较感兴趣，那么两个人一起参加学习也是比较有意思的事情。你当然也可以参加自己感兴趣的课程学习，或是参与一些其他活动。为了补充自己的知识，你完全可以去图书馆办理一张借书证，在那里看书学习。

身为一个优秀的妻子，不应该对自己是否要做"夜校寡妇"提出质疑，也不应该怀疑自己牺牲娱乐及生活享受，独自承受的孤独是否值得。如果你从内心坚信，自己的牺牲一定能够换来丈夫的成功，你就会体谅丈夫。

自强奋斗的成功人士仍然占据着这个国家的重要位置，天上掉馅饼的事情只是上帝对某些人偶尔的眷顾。

如果你是感到怀疑，那我可以为你列出一长串的名单，你可以按照他们的姓氏去查每个人的生平，会发现他们拥有一个共同的特点：那就是他们都是联合国颁发的何拉休·亚尔杰奖的获得者。这份名单中包括艾奥瓦州的一个铁匠遗孤前任总统赫伯·胡佛；曾经只是接线员，现在却担任一家公司董事的亨利·贝隆上校；当初只是一个图书管理员，现在却是大名鼎鼎的IBM公司董事长的汤姆士·J·华特生；曾经的行李搬运工，现任史都德贝克公司董事会主席的保罗·G·霍夫曼。他们都是凭借着自己的努力，才一步一步走到今天的位置，并获得这个奖。

如果你的丈夫能够得到你的支持，你能为他的雄心壮志付出一些努力，他们也会像我上面提到的那些人物一样，在某个领域大放光彩。前提是，只要诸位太太们甘愿做"夜校寡妇"，只要他们肯坚持不懈地努力。

男人多方面扩展自己的知识和才能，方能把工作做得更出色。在一次宴会上，美国驻联合国大使欧尼斯·格罗斯对我说，他为了更加便捷有效地处理文件，正准备参加一个夜校的速读课程。

第四篇

与丈夫精神高度契合

　　上帝只能赠予有限的运气，能得到好运气眷顾的只是少数人。说得更严重一些，每个人身上的锐气都会遭到运气的打击，这样的打击会让人无法挺起腰杆。这时候，如果在你身旁的忠实信徒是你的妻子，她对你说："亲爱的，别灰心，这点事情算不了什么。你总有一天会成功的，到那时你会受到全世界的仰望，全世界的女人都会羡慕我能找到一个这样能干的丈夫。"这时候，你的丈夫定会挺胸抬头，命运的转盘也在悄悄改变方向，局面马上向好的方面扭转。

做他忠实的信徒

19世纪末，亨利·福特在密西根底特律的电灯公司工作。他每天需要工作10个小时，月薪却只有11美元，因此，亨利一家的生活过得十分窘迫和拮据。即便这样，亨利也从来没有对生活丧失掉信心，而且他还拥有一个远大的抱负，就是要研制出一种新引擎。亨利从工厂下班回来，经常来不及洗脸就钻进了自己的实验室中。他搞研究的地方哪叫什么实验室啊，只是一个破旧的工棚而已。亨利就在这种地方夜以继日地努力钻研，他要研制一种可以装在马车上的新引擎。

亨利一家人都是传统的农民，全家人包括父亲在内都认为亨利是在浪费时间。邻居们嘲笑亨利一次又一次的失败，都说亨利是个大笨蛋，人们肆无忌惮地开亨利的各种玩笑。但是，亨利的妻子却与这些人不同。亨利太太对丈夫的才华坚信不疑，她心里非常清楚，丈夫搞的研究并不是简单的修修补补，他在从事一项伟大的事业。

亨利太太的支持并不只是在口头上的。亨利每天晚上回到家，太太就和他一起走进"实验室"共同研究。冬季的白天较短，夜色总是那么早就降临了，为了不影响丈夫专心的研究，她会整晚为丈夫提着煤油灯，即使她的手已经被冻得发紫，冻得她牙齿直打冷战，也从不抱怨一声，她深信丈夫一定会取得最终的成功。亨利先生把自己的太太亲切地形容为上帝派来的天使。他们在"实验室"里默默地承受着煎熬，起初，这个旧工棚里并没有任何奇迹发生，但是在第三个年头，他们终于发明出一种别人从来没有见过的稀奇玩意儿。

那是在1893年，就在亨利先生30岁生日的前几天，一阵响声吵醒了邻居们，他们从自家的窗户向外望去，眼前的景象让他们目瞪口呆——一辆没有马拉的马车在行驶。这可不是什么法术，因为大笨蛋亨利和他的太太就坐在马车上。但是那辆摇摆不定的马车确实是在独自行驶着，而且还能够转向。

天啊，它又转了回来！

一个对人类产生了巨大影响的新工业就在这一天诞生了，亨利·福特也因此被誉为"新工业之父"。我们无须过多地阐述亨利的丰功伟绩，但是，在这里我们必须向亨利太太致以最崇高的敬意和赞美。作为丈夫忠实的信徒，她被人们冠以"新工业之母"的称号当之无愧。

在五十年后的一次采访中，已经名满全球的亨利先生被问到这样一个问题：如果有来世，你想要做什么？这位绅士的回答是这样："做什么都无所谓，但是我最希望做的只有一件事——与我的妻子在来世还能够生活在一起。"

这样的回答多么诚挚，这样的爱恋又多么深刻，这也是亨利先生献给他忠实的"信徒"的最好礼物，这份尊荣亨利太太应该独享！

每个男人都希望有一个专属的忠实信徒，在艰难的困境中，当他苦苦挣扎的时候，这位信徒会把自己温暖的双手悄悄伸给他；在事业中，当他遭受挫折或出现了危机的时候，这位信徒会用自己的双脚为他去奔波；当他临近失败的边缘，遭到众人讥笑的时候，这位信徒会温柔地守卫着心中的"上帝"。父母不会成为这个信徒，因为男人不想让年迈的父母一再为自己担心；自己的子女也不能成为这个信徒，因为他们太小，而男人们也不想让孩子们失去快乐时光。只有自己的妻子才能成为这个信徒，而且妻子们也心甘情愿做丈夫的"信徒"。

男人们需要自己的妻子帮助他们树立信心，增强他们的抗击打能力。无论环境怎样艰难困苦，她对丈夫都不会失去信心，无论她的丈夫遭到别人怎样的诋毁，她都会坚定不移地站在丈夫身边，用她最饱满的热诚看待丈夫的一切，给予丈夫最大的信任。

如果一个男人无法得到自己妻子的信任，别人又怎么能够信任他呢？

毫无保留的信任，是一种可以帮助人们迅速恢复自信的神奇魔力。这句话的真理性完全可以由我的朋友洛博·杜佩雷先生的经历加以证明。

洛博先生告诉我说："我一直打算从事销售工作，我的愿望那一年终于实现了，我当上了一名保险推销员。但是刚进入这行，我不是很顺手，感到自己的努力得不到丝毫的回报，我简直烦透了，一份保险也没有卖出去，以至于我对一切都失去了信心，我当时甚至已经打算辞职了。

"我向我的太太谈了自己准备辞职的想法，遭到她的坚决反对，她不断地鼓励着我。她说的那些令人振奋的话，到现在我还记忆犹新，她说：'洛博，别发愁，我相信你有能力会做好的，困难只是暂时的，只要你坚持下去，就一定能够成功，我知道你早晚都会成为一个伟大的推销员。'

"当时，我的太太和我在同一家工厂上班，从那以后，她非常在意我的衣着打扮，为了让我在每一天都能给人留下好的印象，她还要求我注重言谈举止，这让我的口才越来越好。她在将近一年半的时间里，不断关注并称赞我的气质，总是能发现我身上的闪光点，她一直说我天生就应该是一名推销员。如果不是她这样不停地鼓励我，我早就退出这一行了。桃乐丝一次又一次地对我说：'洛博，其实你非常有才华！你只要再努力一点，就能成功了，我不愿看到你放弃。'妻子说出这样的话，我又怎么能放弃，怎么能辜负她对我的信任呢？我之所以能重拾自信，完全是桃乐丝对我坚定不移信任的结果。桃乐丝使我相信，只要自己主动并持续去做，就一定能够实现目标。我知道自己还要走很长的路，且路途中会布满荆棘坎坷，甚至有野兽出没，但是可以肯定的是，我已经在路上了。在这里，我要特别感谢我亲爱的妻子桃乐丝。"

这一切是洛博先生在信中告诉我的，读完了他的信，我想如果我要雇一个推销员，我肯定会挑选像洛博这样拥有桃乐丝·杜佩雷这种太太的男性。只有这样的男性才值得请来做事，因为他们的太太不会让自己的丈夫承认并接受失败。这样的妻子与刚才提到的亨利太太一样，都是丈夫的终生信徒。他们的男人即使在竞争场上不断地跌倒，这些真诚的信徒们仍然会巧妙地给予他们鼓励，让丈夫消除沮丧，他们的意志会被再次激发出来。难道具备这种信徒的男性不值得拥有吗？

俄国的作曲家西盖·洛克曼尼诺夫在25岁时，就已经小有名气，少年成名让他变得十分傲慢与自负。最终的结果是，他除了成名作之外，再也无法写出更优秀的作品，他写的一系列交响乐都不成功。人们对这个年少成名的作曲家开始产生怀疑，这个打击让洛克曼尼诺夫变得意志消沉，他最终不得不求助于心理医生。幸运的是，他遇到的尼可拉斯·达尔先生是位非常出色的心理医师。他把洛克曼尼诺夫的抑郁症治愈了。

"你应该去发掘你身上积蓄的伟大能量，你必须通过努力才能将自己的能力发挥出来，你的锋芒最终会被所有的人看到。"达尔先生这样鼓励年轻的作曲家，他开出的处方就是鼓励和信任。没过多久，他的处方就发挥了作用，洛克曼尼诺夫的心理开始发生变化，他逐渐从郁郁寡欢的阴影走出来，重新找回了自信。

当治疗进行到第二个年头，他便创作出了那首享誉全球的C小调第二协奏曲。在完成这首协作曲后，他特别说明这首曲子是献给达尔医师的。当在舞台上第一次公演这首曲子时，便震撼了所有的听众。

洛克曼尼诺夫再次获得成功。

激励对于一个人的重要性不亚于燃料对于引擎所发挥的作用，所以说，鼓励就是让人继续前进的引擎，它可以为我们的精神电池储存电量，从而让我们扭转失败的局面，走出萎靡不振的困境。

上帝只能赐予有限的幸运，总是能得到好运气眷顾的人毕竟为数不多。一个人身上的锐气往往要遭受好运气的打击，说得严重一些，很多人会因为好运气而挺不起腰杆。倘若这时候在你身旁有一位忠实的信徒，对你说："亲爱的，别灰心，没什么大不了的事情。你总有一天会取得成功，全世界到那时都仰望你，全世界的女人都会羡慕我找到这么一个能干的丈夫。"这时候，丈夫就会真的挺胸抬头，不利的局面马上扭转过来，命运的转盘也会向好的方面悄悄转变。

有这样一段话写在《圣经》里：希望拥有一份信心是每一个人都有的想法，唯有信心能够为我们明证看不到的东西。

《圣经》在这里为我们指明了方向，这意味着诸位太太们一定要自始至终信任自己的丈夫。太太们要用眼睛去表达自己的信任，也要用自己内心的爱去传达这份信任，这样丈夫与众不同的特质就会被激发出来。

这种信徒式的信任，不仅发自于内心，而且要用言语表示出来，你不这样做就没有任何效用。妻子们若想当好丈夫的"信徒"，就必须运用一些技巧，用充满爱的语言和行动把对丈夫的信任表达出来。

让丈夫觉得他是独一无二的

"你永远都无法成功。"这是有的妻子经常对丈夫说的一句话。妻子的这句话只会提高丈夫"不会成功"的速度，同时也只能增加他的失败率。

查士德·费尔爵士经过研究调查发现：实际上每个男性都拥有两个自我，一个是真实的自己，另一个是理想中的自己。只想保留理想中的他，而抛弃那个真实的他，是所有的妻子都有的想法，能将这两个形象合二为一的女人才是优秀的。

比如说，一个性格非常内向的男性，往往希望自己能够勇敢一些，害羞的他才是真实的，而勇敢的他则是理想中的；如果一个男人觉得自己不受欢迎，那么他会希望自己充满魅力，不受欢迎的他是现实的，而魅力四射的他则是理想状态下的他；如果他时常自卑，那么他就会渴望拥有无畏和自信，而自卑的他就是真实的，满怀自信的他则是理想状态下的他。

这个时候，喋喋不休、没完没了地抱怨和打击并不是一个优秀的妻子应该做的，不要一直盯着你的丈夫的缺点不放，你不能用伟人标准衡量自己的丈夫，不要为他的身体和精神增加负担。不能因为梦想着让丈夫变成理想中的样子，就不停地指责现实中的丈夫。

那么好妻子应该如何表现呢？

像老师对待学生那样满怀爱心温和地持续鼓励你的丈夫，从而增加他的信心。假如你的丈夫还没有进入理想状态，你就应该继续这样做下去，只有这样，你的丈夫才能达到理想状态，你的愿望就是丈夫的期望。

玛乔力·霍姆斯这样说："当丈夫听到妻子说出'你真了不起''你太棒了''你让我自豪''你是上帝赐给我的礼物'这样的赞美，他们的内心会深受鼓舞，会心花怒放，浑身会有使不完的劲儿。"

许多成功的丈夫用他们的经历充分验证了这种观点的真实性。说到这里，我不得不谈起派克斯先生。

许多太太都十分赞赏派克斯货运和装备公司的总裁派克斯先生。

确实，我也认为他非常成功。派克斯先生与我有过多次通信，每次我都能从这些信件中读出他对自己妻子的尊敬和感激之情。

派克斯在信中这样写道："一个充满抱负的男人，如果他按照心中理想男士的形象去塑造自己，也能够变成妻子期望的那样，对此我深信不疑。自从我当上总裁，我有机会和雇员的太太们交流，我认为一个男人在事业上能取得什么样的成就，与妻子的生活态度有很大关系。所以，我要在同员工的太太们谈过话之后，才能决定给他们安排哪些职位。为什么我要这样做呢？因为我自己就是一个很好的例证。

"在嫁给我之前，我的太太是名门淑女，接受过良好的教育，一直过着千金大小姐般的富裕生活。而我这个穷小子既没有钱，又没有接受过高等教育。我除了她对我的信任，以及一颗勇闯天下的心之外，几乎一无所有。

"在刚结婚那几年，您一定能够想象到我们所遭受的艰苦境况。连续不断的失败和打击，让我自己都感到失望，但是，我的太太却从不抱怨，她自始至终都在鼓励我。我现在之所以能够取得这样的成就，完全是我太太不断鼓励与支持的结果。这些年，我担忧她的健康状况，但她却表现得乐观开朗，从来没有在我面前流露出一丝的不快。我每天早上离开家时，她都会站在门口对我说：'派克斯，还有什么事情需要我今天做吗？'晚上我回到家，就把一天的情形讲述给她听，她即使身体不舒服，也会念念不忘鼓励我。我当然不能辜负妻子的心意，我希望自己永远不会令她失望。"

派克斯先生能够娶到这样一位好太太，是多么幸运啊。但是生活中的好多男士就没有这么幸运了，他们太太的做法完全与派克斯太太的做法相反。她们完全希望丈夫是自己理想中的样子，她们总是想比别人更富有，时髦的新车子和漂亮的衣服首饰总是她们想拥有的，她们一直想去参加各种各样的高级俱乐部，却完全不考虑丈夫的实际能力。一旦丈夫不能达到她们要求的样子，她们就会对丈夫不断地加以指责，甚至瞧不起自己的丈夫。

太太们无穷的欲望表现在生活中，就是得寸进尺，而这并不能督促丈夫进步。促使丈夫进步的最好办法就是鼓励他，赞赏他已经显露出来的才华，并对丈夫目前的状态给予充分的肯定，将丈夫的无限潜能激发出来。

当丈夫不满意自己的状态时，当他想放弃时，太太们可以用丈夫以前充满勇气做过的事情来提醒他，比如你这样说："亲爱的，还记得你那一次给老板提的建议吗？你的建议可是让你们公司的损失大为减少。没有人敢向老板提建议，只有你会那样做，这可是需要勇气才能做的啊，你真不简单啊！"就算他再灰心丧气，听到了这样的话，也会重振信心，努力坚持下去。如果一位女士能够对他表示赞赏，他甚至会表现得更加勇敢，比以前更优秀。

优秀的妻子给丈夫的指示犹如灯塔一样，会照亮他前进的方向，而不是对丈夫说"你输定了，你不行""你不敢为自己争取，你敢不敢对一只鹅说'哼'字我甚至都怀疑"之类的话。太太们，你们想没想过，你们说这样的话会深深地刺伤丈夫的心？这种话能起到好效果吗？尤其是诸如他不敢向鹅说"哼"这样的话。

下面是玛格丽特·卡金·芭宁在《四海》杂志上给我们的劝告："如果他确实不行，那么老板在公司也会毫不留情地批评和指责他，他承受的压力够多了。我们在家中还像老板那样的话，他的自信心就会受到更大的打击，我们应当这样鼓励他：'只要努力，人人都能成功'，甚至在吃早餐、上床休息的时候也这样说。一个对丈夫说'你无论如何也不会成功'的妻子，只会让丈夫失败得更快。"

这绝不是讲笑话，太太们经过细致考虑说出来的话，丈夫们听后，一定会对自己产生全新的看法，会变得更加有力量。就拿二战后一名退伍的军人汤姆·乔斯敦来说吧，他在二战中受到了极其严重的创伤——他的一条腿瘸了，伤疤布满了全身。值得庆幸的是，这并没有妨碍他对游泳运动的兴趣。然而，他很快就对游泳产生了畏惧情绪。

汤姆·乔斯敦退伍后不久，有一次和太太一起去汉静顿海滩度假。一看到大海，乔斯顿先生浑身就充满了活力，他开始进行刺激的冲浪运动，随后又在海滩上享受日光浴。但是，乔斯顿很快就感觉到周围的人向他投来异样的目光，这让他很不自在。他知道人们已经注意到他布满伤疤的身躯和残缺的腿。乔斯开始后悔来此度假。他细心的太太发觉到丈夫的烦恼后，却没有说什么。

之后，乔斯顿太太提议下个星期去另外一个沙滩游玩，丈夫马上拒绝了这个提议。太太这时候对他说："汤姆，我知道你为什么对你热爱的游泳不感兴趣了，你产生的错觉是你腿上的伤疤引起的。"乔斯顿默认了太太的话。"你要记住，汤姆，你的这些伤疤是怎样得来的，你的腿虽然不再健美，但是我认为你的心灵变得更加美好了，这些伤疤是你光荣的象征。看看沙滩上那些光滑的双腿吧，他们又有什么值得骄傲的呢？是你的伤疤换来了他们在海滩上的自由快乐。这些伤疤是对你勇气的奖赏，干吗要羞于展示它们呢，你应该为此感到骄傲。亲爱的，我一直都为你感到自豪。让我们现在就出发吧，去到海边畅快地游泳吧！"一时间，太太的话驱散了乔斯顿心中的阴影，他又重新喜爱上了游泳这项运动。

各地区会不定期地举办一些关于推销的演说会，在波士顿商会的营业经理俱乐部也曾经举办过这样的课程。先后有近五百多名推销员听过这个历时五个夜晚的课程。这个课程有一个独特的地方，就是在最后的一个晚上，会把所有来听课的推销员的妻子都邀请到会场。然后由老师们教授各位太太如何鼓励自己的先生，让他们变得更聪明，并做出更好的业绩。

大卫·盖·包尔斯博士就是这里的老师，他也是《过个新生活》一书的作者。这位营销顾问在课程上这样建议每一位太太：要让你们的丈夫感觉到他已经是理想中的那个人了，这样他才会充满自信地对待每天的工作，他甚至会吹着口哨去上班。自然，他的销售业绩会因此得到提高。

即使他并没有时尚的装扮，你也要赞扬他气度不凡；即使他喜爱的领带并不是很值钱，你也要称赞它很有个性；你称赞他言谈得体，当然，他可以暂时不去提醒他在昨天宴会出现的一个小差错。不要让他怀疑这样一个事实：他能够征服所有的客户，他有充分的实力做到这一点！

有什么理由不信任丈夫的能力呢？既然这位远近闻名的营销顾问提出了如此行之有效的办法，为何不去尝试一下呢，而且这件事情做起来也并不难。想想吧，只要你动一动嘴，你就能收到一份很棒的礼物，你的丈夫因此会变得更加自信，更加快乐，难道这不值得我们开瓶香槟庆祝一下？

由一败涂地而转变为世界知名人物的神奇例子满满地写在了《人文学年鉴》中，他们之中的许多人正是由于一些赞赏的话而获得了成功。

如果你认为我的建议有些夸张，那么就让我们看看杰出的桥牌手艾力·卡帕森的事例。

卡帕森先生说，他在1922年初来美国时，做什么事都不顺利，他认为自己是一个非常差劲的桥牌手。但是，在他结婚以后，情况就发生了变化，这一切都要得益于他的妻子——迷人的桥牌老师约瑟芬·蒂伦。从那时候开始，卡帕森觉得自己得到了上帝的祝福，运气越来越好。其实这一切功劳都是他妻子的，是约瑟芬使他相信自己具备优秀桥牌手的潜力。太太的鼓励让他在桥牌这条路上终于坚持下来，才使得桥牌界又多了一个天才选手。

是的，各位妻子应该去尝试真诚的赞美和激励，让丈夫觉得他是独一无二的。相信通过你的努力，他一定能够成为自己心中的理想男人，当然，你也会因此而得到一个更加优秀、更加成功的丈夫。

为爱留出空间

　　与丈夫分享你们共同经历过的事情，或者共享丈夫的爱好，自然会从中得到一定的快乐，这也体现了你们之间妇唱夫随的和谐关系。但是给你丈夫一定的独立空间，让他有精力发展自己的兴趣和爱好，也是很重要的。

　　安得瑞·莫里斯在他的著作《婚姻的艺术》中写道："要想让婚姻生活幸福，夫妻双方就得尊重彼此的兴趣和爱好。但是，如果夫妻两个人的意见和愿望总是完全一致，那也是不现实的。这样的事情几乎是不存在的，人们往往也不喜欢那样。"

　　因此，聪明的女士总是给自己的丈夫保留一定的私人空间，允许丈夫在空余时间做自己喜欢的事情，比如集邮、钓鱼或者是高尔夫球等等。在一些女人眼中，也许男人的爱好是有些俗气，但是你不能因为自己无法领会他们的爱好就轻视或者嘲笑他。如果一个女士足够聪明，她在一定程度上会迁就丈夫的某些爱好。

　　《威尔·罗杰斯传记》的作者荷马·克洛伊先生，也是电影剧本《威尔》的作者，他在加利福尼亚州的山塔·梦妮卡·罗杰斯的牧场中完成了这本书的写作。

　　克洛伊先生和我讲过一些关于罗杰斯先生的事情。有一次，罗杰斯突然想要一把南美大刀，是做工粗糙、外表简陋、但极具杀伤力的那种。罗杰斯太太对丈夫的喜好有些担心，她不明白丈夫要这样一把大刀的意图，不知道这把大刀对他有什么作用，她觉得也许丈夫只是说说而已，很快就会忘了这事儿。因此，罗杰斯太太第一个想法就是想劝说丈夫不要买这把刀。

但是经过思考后，罗杰斯太太并没有按照自己的想法去做，她遵从了丈夫的意愿，还亲自跑了很远的路帮丈夫买了这样一把刀。当她把大刀交到罗杰斯手中的时候，他就像得到圣诞礼物的孩子那样兴奋。

其实，罗杰斯想得到这样一把大刀，有自己特殊的目的，他要带着它去修理牧场周围的灌木丛，为车辆和行人开辟出道路。如果心情烦闷，他还可以到牧场周围用这把刀大砍一通，宣泄内心的烦闷。几个小时之后，当罗杰斯先生大汗淋漓地从灌木丛里走出来的时候，他不但发泄了心中的烦闷，也让牧场变得更加漂亮了。

这位先生时常念起那把粗糙的大刀，说那是妻子这辈子送给他的最好礼物。罗杰斯太太也庆幸当时没有阻止罗杰斯先生的想法。

我想，实在没有比罗杰斯先生拿起大刀砍灌木丛宣泄自己的情绪更好的办法了，这就是男人的爱好带来的好处。男人都有脆弱的一面，当他想发泄的时刻，他不希望自己的妻子看到，他更愿意用自己的方式去解决。给他们独处的空间，让他自行调节自己的情绪，然后精神百倍地投入到工作中。

让丈夫在工作之余有一些自己的爱好，这样，丈夫不仅能够宣泄内心的情绪，也会为妻子带来一些好处。

我的表姐就是这样一位幸福的女人，她的丈夫詹姆斯·哈里斯在一家大石油公司担任地区审计员。可能是因为他白天一直从事枯燥的审计工作的缘故，他培养了一项非常实用又极具艺术感的业余爱好——居家装饰和维修家具。当然，他的这一爱好深受我的表姐的欣赏，经过这位先生之手他们的客厅和卧室变得格外漂亮。

詹姆斯还有另外一个爱好，那就是训练表姐家的黑色苏格兰小猎犬马克，并让它为大家表演一些小把戏。虽然他是在利用业余时间训练这位表演者，但是他们的家庭却因他的这个爱好而增添了无尽的欢乐。弹钢琴是马克的拿手好戏，一开始它只是用前腿弹，经过一段时间的练习，后来它的后腿也渐渐能弹了，现在它四条腿几乎可以同时弹奏。

妻子们如果能够鼓励丈夫培养一些兴趣爱好，帮助他打发一些无聊的时间，那么就不用担心丈夫有寻找其他女人的心思了。只有那些极度厌倦自己生活的男人，才会对别的女人产生兴趣。

但是，妻子还要注意一点，那就是丈夫在其爱好上的投入要适可而止。有心理学家表示，当男人过分关注自己的业余爱好，甚至所投入的精力超过了本职工作，这就要引起各位太太们的注意了，这说明你的先生在工作中可能不开心，所以他想利用业余爱好来逃避工作上的麻烦。

发生这样的状况，一定是丈夫的工作出现了什么问题，让他不再对工作产生兴趣。如果有这样的事情发生，要积极帮他分析问题产生的原因，这也是优秀的妻子应该做的事。爱好的真正价值在于，缓解人们工作上的精神压力并舒缓紧张的心情。人们培养业余爱好的目的，就是要对本职工作产生兴趣，而不是用它来代替本职工作。

二战时期，阿莱克·G·卡莱克夫妇的一些特殊爱好，帮他们度过了被关在日本战俘营的那段艰难的时期。

1941年，正在中国上海的股票交易所工作的卡莱克先生和太太露丝，被日本人拘捕，和另外近两千名美籍、英籍战俘一起被关押了两年之久。他们在那里不得不忍受饥寒交迫，那是一段极其痛苦的牢狱生活。

后来，卡莱克先生在接受《基督教科学箴言报》的采访时说："那两年多的悲惨经历，足以证明一个道理，那就是一个人即使被剥夺财产、家庭及其所有的东西，但是只要他还有兴致与修养——敌人无法毁灭的东西，那么他的精神仍然不会垮掉。我说的这些爱好是天性，比如喜好音乐和文学，那是谁都无法剥夺的。"

卡莱克先生的兴趣体现在他对圣乐的热爱上，他在战前就曾组织过上海圣乐合唱团。在被关押的两年多时间里，他在战俘营中仍坚持不懈地推广唱诗班。卡莱克夫人更是想尽办法将一些乐谱带进了牢房，这样，能让唱诗班有机会练习更多的曲目。在卡莱克先生的指挥下，几乎所有的圣乐都能被唱诗班唱出来，从圣诞颂歌到苏利文与吉伯特的轻歌剧，他们都会演唱。

从卡莱克夫妇特殊的经历中，我们可以得出这样一个道理——那些天生的爱好足以成为人们的精神支柱，甚至能够帮助他们度过难关。卡莱克先生回顾了那段经历后，说道："我愿意鼓励生活中的每一位男士和女士，尽快培养你们的兴趣和爱好吧！如果处于退休后无所事事的状态，你会发觉拥有一项爱好是多么幸福的事情。不管你的这个爱好是你自己主动培养的，还是在其他人怂恿下练成的。"

为什么不参照卡莱克先生的建议去试一试呢？他的话具有很大的启发意义。你要做的不过是帮助丈夫把一种爱好培养起来，为他提供足够的时间和空间来享受这些爱好。

有一个单身贵族曾和我讲起他未来生活伴侣的理想样子——和他共同生活的女性在陪伴他的同时，要尊重他的意愿，也要留给他独处的时间和空间，让他独自去做自己喜欢的事情。如果他能够遇到一位这样的女士，无论什么时候，只要她愿意，他就会毫不犹豫地拉她的手和她共同步入教堂。

因为家庭主妇们有很多时间独处，她们对独处的概念已经没有什么印象了，因此她们通常很难理解丈夫在这方面的需求。其实，有的时候，一个丈夫被妻子"撇下不管"，并不意味着他是孤独的。相反，可以说这位男士从妻子的拘束和要求中得以解脱，成为一个能够按照自己的方式来支配灵魂的男士，至少他能够享受到自由和独立。

　　在周末有的男人喜欢与朋友们一起去打保龄球，或者玩桥牌。当他摆脱了妻子的束缚，就显得自由自在。有些男士不愿意参加聚会，而是喜欢独自做点事情，比如去河边钓鱼，或是躺在床上读上一本侦探小说，还有可能去检修一下自己的车子。无论丈夫在业余时间做什么，妻子都不应该进行干涉。每个人调适心情的方法都不相同。对妻子来说，最聪明的做法，就是让丈夫在工作之余，尽量通过独处的方式来放松自己。我愿意所有的太太都成为如此聪明的女士。

　　这么多年来，我养成了一个习惯，就是每到星期天的下午，就要走出家门到外面去散心，我会和我的作家朋友荷马·克洛伊在一起度过这段时光。我一直认为，不能因为我结婚了就放弃这种乐趣。我知道，最开始桃乐丝对我单独离开会有些不适应，尤其是在美妙的周末，毕竟我们共同度过了整个礼拜。但是，桃乐丝的选择很聪明，并很快就理解了独处对我的重要性。

　　在那样的下午，我和克洛伊过得异常开心，我们在森林中边轻松地散步边调侃，要不就到餐馆去来一顿饕餮大餐，在家中，有时会把冰箱里所有的食物都吃光。无论我们做了什么，唯一的目的就是为了享受那份难得的自由。我和克洛伊像孩子似的，用一个下午的时间做着一些平时不会去做的事，彼此都感到莫大的快乐。结束了这个午之后，我们回到各自的家中都感到非常愉快而又平静，然后开始准备第二天的工作。

　　毫无疑问，丈夫需要从妻子严格的束缚中解放出来。如果妻子能够帮助她的丈夫培养一些兴趣，并且给他足够的时间和空间，让他去体会这些爱好所带来的自由，那么妻子所做的这些一定会让丈夫变得更快乐。

　　一个在快乐与幸福中生活的男人，一定要比受妻子约束的男人，能够更加出色地工作，而且更有希望获得成功。

做会倾听的妻子

1950年12月，比尔·琼斯从芝加哥一栋五层高的楼顶上一跃而下——他难以承受生活的压力，忧虑和害怕让他走上了绝路。

其实，比尔的事业一直发展得很好，但是与此同时也隐藏了一些危机，其中比尔没有考虑到公司的承受能力，盲目地扩张规模是一个重要原因。而且因为没有妥善处理这次危机，所有的债权人都来找他催还款项，而他的支票在银行又无法兑现。更为糟糕的是，所有这些只能由他一个人默默地承受，他不敢把这些事情告诉一直以他为荣的妻子。比尔害怕这会让她远离幸福，从而掉进羞耻和痛苦的深渊中。

于是，自觉无力回天的比尔来到了仓库的楼顶，他稍微犹豫了一下，然后纵身从五层高的地方一跃而下。他的身体穿过底楼窗上的遮阳棚，最后摔在了人行道上。按照常理推断，毫无疑问比尔会死掉的。但是，上帝总是把一些奇迹带给人们。比尔不但没有死，而且身体完好无损，他受的最大伤害，只是擦破了大拇指的指甲。我提到嗓子眼的心现在终于可以放下了。更为滑稽的是，虽然他觉得自己没有必要去医院看一下自己的手指甲，但是，他得赔偿被他穿破的遮阳棚。

当比尔意识恢复之后，简直无法相信所发生的这些事情，他马上有了一个新的计划。他这时感到神清气爽，而且认为自己的烦恼没有那么重要了。五分钟之前，他还觉得活在世上毫无意义，而现在，他感觉自己是如此的幸运，并庆幸自己还能够活着。

他匆忙地赶回家中，向他的太太讲述了所有发生的一切。起初太太有点慌乱，但随后就镇静下来。她坐下来和比尔一起探讨解决的办法，对面临的危机进行了分析。经过几个月的调整，比尔心情逐渐放松下来，开始进入正常的生活状态。

现在，比尔·琼斯的事业不但步入了正轨，而且还清了所有的债务，更重要的是，就像与妻子分享胜利一样，比尔学会了如何与太太共渡难关。比尔当时选择自杀，是因为他觉得太太无法与自己一起承受打击，这让他险些断送掉自己的宝贵生命。现在回头想想，这件事该有多么恐怖。

丈夫不信任自己的妻子，显然不是认为妻子们做得不对。比尔的例子就是一个证明。有些男士的头脑中会形成一种错误的观念，认为事业是男人自己的事情，结婚之后，妻子只能分享他们的成功，而无须参与他的事业。我不得不说，这种想法错得实在是太离谱了。男人们愿意买上等的裘皮大衣和各种名贵的东西送给妻子，只要能给她们富足的生活就可以了。事业一旦出现了危机，他就不想让妻子知道，首先想到的就是如何向她隐瞒，他们总是认为，这些烦恼最好不要装进妻子的小脑袋里。他们没有意识到，无论在什么情况下，妻子都有权利及义务和他一起面对这些问题。

当然，也有许多男人愿意向太太述说自己的烦恼，但是这些太太却不愿意或者不知道该怎样倾听丈夫的话。如果这样，那么太太们就负有责任了。

1951年的秋天，《福星》杂志刊登的一篇调查报告引述了一位心理学家的话："让自己的丈夫宣泄他在办公室里受到的痛苦，并说出他受到的委屈，便是妻子所能做到的最重要的事情。"毫无疑问，能够做到这一点的太太会成为丈夫们的"安神丸""共鸣器""哭墙"和"加油站"。

与此同时，这项报告里还阐述了这样一个结论：一般说来，丈夫们都喜欢妻子主动、巧妙地倾听，他们最反感妻子唠叨式的规劝。

在外面工作的女士们，回到家里一定都期望有一个人能够倾听自己述说工作上的烦恼，如果家里真的存在这样一个人，我们定会为此感到安慰。男人们有同样的心理需求。办公室是存在许多禁忌的地方，通常，大家都很少会在办公室表达自己真实的想法。一个人无论内心多么高兴，绝不可能在办公室里放声高唱；无论压力有多大，也不可能在同事和老板面前哭哭啼啼。因此，完成一天繁重的工作，回到家之后，痛痛快快地发泄一下真的很必要。

这样的场景常常出现在生活当中：

彼得回到家里，匆匆忙忙地对妻子说："上帝啊，苏珊娜你知道今天都发生了什么事？董事长竟然把我叫进了他的办公室，他要我谈谈对一份报告书的看法，还有……"

丈夫说的这些话显然没能吸引苏珊娜的注意力，所以她打断了对方："哦，真的吗？那是不错。彼得，今天你想吃肉酱吗？哦，我还没有跟你说呢，上午修理工人来过了，他说咱们需要换一些零件。你能吃完饭去看一下吗？"

"亲爱的，当然可以啊。就像我刚才说的那样，我终于被董事会注意到了，索洛克·蒙顿要我向董事会发表看法。说真的，这简直让我紧张得发抖，但是我要把握好这一切，最后连比林斯都表扬了我，他认为……"

苏珊娜又打断了彼得的话："彼得，可不可以先把你的董事会放下，托尼的老师想和你谈一谈，他今天又惹祸了，他这学期的成绩实在是糟糕透了。他的老师说，如果他多下点功夫，成绩一定会更好。我对他已经无能为力了。"

这时，彼得终于发现妻子对他说的话根本不感兴趣，她只关心她的馅饼、水管以及儿子糟糕的成绩。这时候彼得所做的，就是把他的得意与牛肉酱一起装进自己的肚子里，然后去查看他们家的水管，再打电话给托尼的老师。

苏珊娜真的自私到只让别人听她自己的问题，而不愿意听别人说话吗？当然不是。她和彼得都需要听众，只是妻子没能在恰当的时候倾诉而已。彼得需要妻子分享自己的喜悦，而苏珊娜则想让丈夫多关心家里的事。在这种情况下，苏珊娜只要让彼得把在董事会上说的话讲完，然后就可以大谈水管和托尼的成绩了，而这些话题也是彼得愿意倾听的。

善于倾听的女士不但可以给丈夫带来欣慰，而且会拥有相应的社会资产。一个文静又毫无矫揉造作的女士，会抱着极大的兴趣倾听别人的谈话，而她所提出的问题又能显示出这位可爱的小姐听懂对方话语中的每一个字，往往这样的女孩子更容易获得成功，她的成功不仅表现在她丈夫的朋友群中，也同样表现在她自己的朋友群中。

什么样的男人才是懂礼节的男人？以机智著称的杜狄·莫尼这样描述道："当他最精通的事情被一个门外汉胡乱描述时，他仍然能够对此表示出极大的兴趣，他的这种行为就是绅士的表现。"这样的描述同样也适用于太太们。

事实上，一个善于倾听的人有时候也会被一些事情弄得心烦意乱。但是，灵活的倾听会让你从冗长的演讲中获得很多益处。女演员蒙娜·罗伊在写给《纽约先驱报》的一篇文章中讲道，在担任联合国教科文组织的代表之后，她的口头禅就变成了"倾听"和"学习"。她经常和许多国家的代表交谈，从中她了解到不同国家的需要。

罗伊小姐也解释道："当然，在许多时候，人们必须容忍一些极其无聊的话题。但是我觉得，当一位有礼貌的聪明慧的听众，远远要好于把自己隔绝在一个毫无意义的话题之外。"

那么怎样才能成为一个善于倾听的太太呢？起码要掌握以下三个方面，这是成为一个好听众必须具备的条件：

1.聆听时要用整个身心，而不只是用耳朵

当一个人对谈话的内容表现出很强的兴趣时，他内心的秘密就会通过他的神态泄露出来。此时他会十分专注地看对方的眼神，身体也会向前稍微倾斜，脸部的表情也会随着谈话的内容而发生变化。当一个好的听众，不仅可以从讲述者口中学到知识，也会得到讲述者的尊重。

魅力养成方面的专家玛乔力·威尔森说："如果听众对谈话反应木讷，讲话的人也会失去继续讲下去的兴趣。所以，当一句话打动你时，你就应该把自己的身体移动一下，就像震动了心里的某一根弦一样。"

如果真的想成为一个优秀听众，就必须把仿佛真的很感兴趣的神态表现出来，我们必须训练自己的身体，用它去表达我们敏锐的情感。倾听时，我们不仅要用耳朵，还要用眼睛、脸孔及整个身心。如果你还是不明白如何正确地聆听，那么就去仔细观察一下那只猫咪是如何在老鼠洞外专注地等候吧！

2.问一些具有诱导性的问题

在谈话过程当中，如果采用一些直截了当的提问方式，往往会显得粗鲁无礼，或者让气氛变得很尴尬。为了避免发生这种情况，如果是一个善于倾听的人，他的提问方式完全可以带有一些诱导性，这样不仅有助于持续展开话题，也不会让对方感到难以启齿。

直截了当的提问方式往往是这样的："史密斯先生，员工与主管之间的矛盾你是如何处理的？"诱导性的提问则是这样的："史密斯先生，你难道不认为，让员工和主管之间在某些范围内相互妥协，是可能做到的吗？"

任何人想要成为一名优秀的听众，必须掌握的提问技巧，就是诱导性方式。

如果你想成为丈夫的优秀聆听者，并且不想把那些他并不愿意听从的劝告直接提出来，那么诱导性的提问方式就是一个非常奇妙的技巧。

你可以这样询问自己的丈夫："亲爱的，你认为在这个时候增加广告投入，是一种冒险的做法还是在拓展你的销售范围呢？"你提出这个问题并不是在直接地劝导他，但是这样的提问方式所产生的效果与直接劝导往往是相同的。

当我们与自己不太熟悉的人交谈时，正确的提问方式可以克服羞涩、打破沉闷。适当地把话题引到自己身上，而不是棒球和天气，或是谈论某人的疾病的时候，他们就会尽情而忘我地进行谈论。

3.永远不要泄露秘密

有些男人认为女人无法守住秘密，在闲聊中她们就会把秘密泄露出去，因此，他们从来都不愿意和自己的太太讨论关于工作上的一些事情。

约翰的太太和几位夫人在一起打牌，她无意中说道："等维基先生退休了，约翰希望能够顶替他的经理职位。"于是第二天，维基的太太就从别的夫人那儿得到了这个消息，她马上告诉了自己的丈夫。于是对手把约翰排挤出局，而他完全被蒙在鼓里。

有位经理向我讲述了令他十分愤怒的一件事，他在家中偶然说起关于公司的一些事，后来，事情被流传开来，导致他的职员对公司丧失了信心。这位经理表示："我最讨厌乱嚼舌根的女人了，尤其是那些在超级市场或是酒会上肆无忌惮地大谈公司业务的人。"

还有一些女人，甚至把丈夫之前出于对自己的信任而讲的事情，当作日后发生争吵时拿出来威胁丈夫的筹码。"你曾经在公司买过大量不必要的商品，这是你自己亲口告诉我的，而你现在却因为我买衣服浪费了钱来责怪我！你有什么资格这样指责我！"

看吧，如果再多发生几次上面这样的情况，我想这位丈夫就再也不会和妻子谈起关于公司里的事务了。她的丈夫将不得不认为：自己向妻子述说太多实情，等于为妻子提供在下次大战中反击自己的弹药。

成为一个善于倾听的妻子，并不意味着要求太太事无巨细地了解丈夫的工作，太太们没有必要去了解丈夫工作上的每一个细节。一个从事绘图工作的男士，应该不愿意把绘图的细节讲给自己的妻子，他更愿意让妻子关注发生在他身上的事情，对他表示关心。

我有一个朋友做会计师工作，他的妻子毫无会计方面的知识，就如同我对分子理论一窍不通一样。但是我的会计师朋友并没有因此感到困扰，他说："我的太太虽然都搞不懂会计方面的术语，但是我仍然可以将公司里最具技巧性的问题讲给她听，她真是一个灵巧而有耐心的倾听者，与她谈话简直是一件美妙的事情。"

请相信这样的比喻，诸位会因为有一对敏感，并且经过训练的耳朵而变得更加可爱，你还会因此拥有一张比特洛伊城中的海伦还要美丽的脸庞，更重要的是，你的丈夫也会因此得到许多帮助。

培养与他相同的爱好

　　只要学会与他人分享，无论是一片面包，还是一种思想，都能够让你的人际关系变得更加和谐。同样，要想以最佳方式获得幸福婚姻，就需要分享自己所爱之人的爱好和兴趣。专家们经过研究后得出这个结论。C.G.瑞德赫斯曾经对数百对拥有幸福婚姻的夫妇进行了调查，研究之后，他认为这些成功婚姻的主要特点是"夫唱妇随"。

　　共同的朋友、共同的爱好以及共同的理想，构成了夫唱妇随的基本元素。

　　现在让我们来看一个实例。

　　亚瑟·莫雷和妻子凯瑟琳是对非常有名望的夫妇，他们教授过无数的舞蹈学生。他们已经共同携手走过了二十多年，而且一直在一起工作。

　　有时候我会想，凯瑟琳和丈夫这样每天在一起生活，也在一起工作，他们的婚姻肯定特别容易陷入单调重复的境地，而且也会很无聊，他们是如何克服这个问题的呢?

　　凯瑟琳说："要想克服它一点都不难，其实方法很简单，只要我稍微努力一些就能做到。首先，我总是把自己打扮得漂亮一些。我宁可让十个男人看到我没化妆的样子，也不愿意我丈夫看到我苍白的脸不加修饰，这是我的原则。另外，有一个因素也很重要——我们会一起分享游泳和打网球这两项简单的爱好，这是我们都喜欢的运动。只要有闲暇时光，我们就会一起去享受这些活动。比如上个礼拜，我们还去百慕大共享了我们的乐趣，这让我们在不同的场合及时间都能融合在一起，这也为我们的生活增添了很多活力和变化。"

的确，如果每天除了工作而没有其他的乐趣，人早晚会被这种生活逼疯，婚姻也会因此而变得索然无味。妻子们如果学会与丈夫分享一些有兴趣的爱好，夫唱妇随的程度就能够大大增加。

哈里·C·施坦因梅兹在《临床心理学》杂志中这样写道："在美满的婚姻生活中，对彼此兴趣的适应能力，本来就比相同的喜好和习惯更加重要。"

当时最强势的男人，被尼罗河上最有名的美女埃及艳后克莱奥帕特拉征服了。虽然这位女子并没有学过什么临床心理学，但是，她所精通的支配男人的手腕没有任何一个人能够做到，特别是对那些成功的男人们更为有效。布鲁克斯告诉我，其实这位艳后并不具有出众的容貌，但是她与别人分享快乐的特殊嗜好和能力，让她在尼罗河上所向无敌，所以一颗又一颗勇敢的心都被她俘获了。

克莱奥帕特拉会说所有附属国的语言，像她的祖先们那样，她学习这些从来不嫌麻烦，她和任何一个国家的人都能自如地交流。这些国家的使节到达埃及后，克莱奥帕特拉从来都不需要借助随行翻译人员的帮助，她能够直接与他们进行交流，因而她赢得了很多人的支持。

在得知马克·安东尼非常热爱钓鱼之后，这位皇后的热情就不再放在奢华的宴会上了，而是跟着安东尼一心一意地去钓鱼。有一次他们出海钓鱼时，安东尼的运气不是很好，很久都没有钓到鱼。于是克莱奥帕特拉私下安排奴隶潜入水中，在安东尼的鱼钩上挂了一条大鱼，安东尼因为她这巧妙的手段开心起来。为了讨安东尼的欢心，有时候克莱奥帕特拉甚至装扮成平民，与安东尼一起到贫民区和下等赌场狂欢作乐。这位娇小的皇后对安东尼热衷的每一件事都能表现出极大的兴趣。

然而，在座的诸位太太们，你们之中又有几个人因为陪着丈夫钓鱼，而愿意穿上长筒靴，包裹着粗布衣裳，去到潮湿、污秽、寒冷的河里呢？

我的一些女性朋友经常抱怨丈夫们的喜好，比如她们的丈夫只会在高尔夫球场上浪费难得的周末。其实，我的一个朋友弗里兰斯·山姆的做法，就值得这些太太们好好地认真学一学。

弗里兰斯的丈夫里昂·山姆是一位著名的工程师，虽然已经过世，但是，只要我们看到纽约城里众多的马路和大桥，就会自然联想到这位了不起的工程师。此外，他还以一位杰出剑道运动员的身份，作为代表团的成员多次参加奥林匹克运动会，而且还多次获得高尔夫球赛冠军。弗里兰斯刚刚嫁给里昂的时候，都无法弄清楚那些体育项目的专业术语。可是，后来再见到她的时候，她不但已经掌握了打高尔夫球的技巧，还连续三次获得了全国女子剑道比赛的冠军，并且数次作为运动员参加奥林匹克运动会。如果山姆太太当初因为害怕麻烦，而不去学习高尔夫球和剑道，不主动去与她的先生共享这些爱好，可能的结果是，她和丈夫必须要放弃生命中一部分有价值的生活，或是在丈夫追求热爱的运动的时候，她不得不在家独自度过寂寞的周末。

爱德华·瓦利斯是著名的神秘小说和冒险小说作家，他的工作压力非常大。所以他很喜欢赛马运动，通过这项运动，他身心的疲惫状态得到了极大的缓解。瓦利斯太太对这种贵族式的运动没有多大兴趣，但是她知道这种运动可以帮助丈夫缓解压力，因此她每周都非常愉快地陪丈夫去看赛马，并且和他一起欣赏那些优异的名驹，借以帮助丈夫消除疲劳。

妻子如果学会了在丈夫的休闲娱乐中发现属于自己的兴趣，就不会被丈夫撇下了。在周末，你的丈夫会去玩乐，而把你独自丢在家中吗？如果是这样的，那么你们两个对此都应该负有责任，要么是你的丈夫太自私了，要么就是你没有全心全意地去学习，把家当成了一个可有可无的消遣地方，并放弃了其他的娱乐项目。

在刚刚成家的时候，弗兰西斯·舒特太太生活得并不愉快，她没有享受到家庭婚姻生活的乐趣，这是因为，在婚后她的丈夫一直保持着单身时的习惯：他习惯于在闲暇的时光里找他结婚之前的朋友娱乐，把家中的那位太太全然忘记了。尽管舒特太太盼望着丈夫能够留在家中陪伴自己，但她也没有一味地责备和埋怨丈夫。她开始着手研究丈夫的爱好，并且尽力使自己也融入他的生活当中。

舒特先生喜欢下西洋象棋，舒特太太便请求丈夫教她学习下象棋，这种做法让两个人的象棋水平都得到了提高，这位太太最终也成为一个相当不错的棋手。知道丈夫特别喜欢去参加朋友们的聚会，舒特太太就把他们的家布置得十分温馨，这样，舒特先生会在家中举办一些小型的宴会来招待朋友。舒特先生再也不用整天飘落在外面，更重要的是舒特先生和夫人相当满意现在他们能共同参与到休闲娱乐中去。

这种做法非常有效，舒特夫妇结婚快四十年了。从那之后，舒特先生认为自己再也没有必要到外面去了。事实上，舒特夫人也说，即使现在再拉着丈夫到外面，他也不愿意。

舒特太太说："我认为，妻子能够为他做的最大的事情，就是让丈夫的心情愉快，能够与人愉快地相处也是我一生最大的愿望。"

舒特太太的这种做法产生了这么好的效果，诸位太太们难道不想尝试一下吗？

不平凡的女人才配得上非凡的男人

有一对夫妇，因为妻子一直无法忍受丈夫在夜间工作，出于无奈，丈夫只好放弃他热爱的工作。这位先生是管弦乐队的一位演奏家，有非常高的薪水，而且他对这份工作也十分热爱。通常，音乐会都是在晚上举行，所以他工作的时间大部分是在夜晚，这让他的妻子难以忍受。最终，丈夫在她的一再劝说下放弃了这份工作，而成为一名推销员。因为他没做过推销员工作，因此没能获得较高的薪水。就这样，他不仅失去了心爱的工作，而且还为日后的婚姻生活埋下了隐患。

有些男人因为从事的工作比较特殊，所以太太们要适应丈夫的作息时间。如果丈夫是计程车司机，或者是铁路、轮船及飞机方面的工作人员，这就需要他们的太太能够适应他们的作息时间，只有这样，他们的婚姻生活才能美满。

从事演艺的人也有其工作上的特殊性，有很多娱乐人士的太太因无法适应丈夫工作的特殊性，最终与丈夫分道扬镳。

如果你的先生从事特殊职业，那么作为妻子，要想和丈夫共同幸福地生活，就必须认可并接受他的职业，这可能意味着你必须放弃一些东西。此时，你一定要坦然面对这种状况，并接受它，并且尽你最大的努力来维持家庭，让家庭中充满快乐。

你是否羡慕那些优雅的贵妇们手里捧着玫瑰花，坐着皇家马车在人群里来来往往？你是否想过跟她们调换一下位置？

很多女人一直在做白日梦，她们对影视明星、歌手、作家，或是艺术家的妻子无限仰慕，因为在她们看来，她们丈夫的职业都是令人向往的。一位女孩在不到二十岁的时候，就幻想着嫁给一位探险家。现在回忆起来，那时候有这种幼稚想法的女孩还有很多。她们不知道做这些人的妻子也要面临许多困难，那些人的妻子甚至要承受着明星丈夫一样的压力。做名人的妻子并不像在摄像机前摆姿势那样容易。

相信，那些喜欢幻想的姑娘们在看了罗威尔·托马斯夫人的例子后，能够变得清醒一些。她的丈夫不只是著名的新闻广播员，还是作家、探险家、大学教授、运动员、投资者。他有多种重要身份，身上笼罩着不计其数的光环。我想，在这个世界上，大概没有谁比他更有名了。这位先生在喜马拉雅山上，和在新闻摄影机前占用的时间一样多。我想，作为他的太太，你大概无法忍受一年的时间都看不到丈夫的脸吧。

但作为一个女人，托马斯夫人却表现出了十足的魅力。她就像一只变色龙，根据丈夫的需求来不断地改变自己。一战之后，罗威尔先生要到世界各地举办演讲，"阿拉伯的劳伦斯"和"艾伦比在巴基斯坦的战役"常常是他演讲的内容。此时，托马斯夫人一直在随着丈夫周游世界，担当起丈夫助理经纪人的角色，丈夫的起居由她来照顾，此外，她还要为伊斯兰教徒的祈祷谱曲。

托马斯夫人比之前更加忙碌的时候，是他们回到美国定居后。每天有很多客人专程前来拜访她的丈夫，所有的招待工作都由她来负责。这些人可都不一般，几乎都出现在丈夫的书中，他们有的是运动员、探险家、宇航员，有的是其他知名人物。托马斯的家里一直宾客不断、热闹非凡。在他们家里，几乎每隔几天就要举办一场几十人到上百人的宴会，每次都由这位夫人全程负责。

在有些场合，夫人不方便随同丈夫出现，这时，托马斯会变得忧虑万分，因为她不在丈夫身边，她非常担心会发生什么意外。那是一战后德国发生革命时期，报社打电话告知托马斯夫人，说她的先生在德国街头遭到了袭击。

还有一次，罗威尔先生在经过西班牙安达卢西亚沙漠的飞机上遇到一点意外，而这时托马斯夫人能做的，只有焦急地坐在家中等待电话。最为严重的是，罗威尔先生在西藏发生了一次意外，幸亏得到了当地人的帮助，罗威尔先生才逃过一劫。在丈夫遇到意外时，她除了焦急地等待电话，不能做任何事情。哪一位女士能够承受得了这样的痛苦呢？

最近，他们的儿子小罗威尔也要追随着父亲的脚步，踏上冒险征途。这让托马斯夫人又多了一重担心，她又要开始等待儿子的消息，也许是在靠近提波多的法军前哨，或是在毛毛族人暴动的肯尼亚，都可以看到她儿子的身影。

现在想一想，你还会认为像托马斯太太那样的夫人是幸福的吗？只有那些不平凡的女性才能配得上非凡的男士。

希尔德·麦凯丁夫人就是这样一位不平凡的女士。她的丈夫是马里兰州的州长麦凯丁先生。她出身名门，文静高雅，气质高贵，具备了所有女性的优点，作为妻子，可以说她是非常完美的。但是，这位夫人却说，很多时候她却过得不开心。尤其是她和丈夫刚搬到州政府官邸的时候，周围环境和生活都发生了变化。由于丈夫需要处理政府的各种事务，这位太太很少会见到自己的丈夫。

麦凯丁太太说："让我感到最舒心的，是我陪着丈夫到城外很远的地方旅行。在旅行中，我们能享受到的乐趣，是那些整天宅在家中的夫妻享受不到的。在丈夫赶往演讲现场的路上，我们就像是在度假，我们会享受发生在旅途中的每一件事，这种十分奇妙的感觉真是令人兴奋，成为我最难忘、最珍贵的回忆。"

像罗威尔和麦凯丁这样的男士非常幸运，他们的太太温柔而善解人意，她们应对各种问题毫无怨言，并且为丈夫带来了荣耀。

如果你的丈夫的职业非同寻常，并且你们的婚姻生活因为这种职业产生了诸多不便，如果你觉得无所适从，不妨参照下面的建议：

（1）每个人都具备一定的忍耐力，如果无须太多的时间，那就不妨再忍耐一会儿。

（2）假如丈夫的工作情况要一直持续下去，那么你最好像麦凯丁夫人那样，找到一个解决的办法。

（3）假如丈夫的工作可能会导致你们的婚姻出现危机，那么，你有必要时刻提醒自己，你和丈夫的目标是一致的，他的成功就是你的成功。假如他目前所从事的工作十分重要，那么你就应该学会去接受它。相反，如果你因为不能接受丈夫的工作而选择了逃避，那么从法律上来说，这是你遗弃的行为，而从道德上说，这体现了你感情上的一种缺陷。

（4）要记住，在这个世界上，没有哪一种职业是完美无缺的。任何一种工作都存在一定的优点和缺点。对于一个特别挑剔的人来说，即使是最理想的工作，也免不了要进行一番挑剔。

第五篇

做一个称职的好太太

　　我无怨无悔地选择了家庭主妇的生活，而且充满了乐趣。为了让艾克以及我的家庭始终保持平稳和安定，我想尽了办法，也尽了最大的努力，这让我的生活变得繁忙而快乐，也让我感受到了生活的价值与意义。

　　我们亲眼见证了玛米·艾森豪威尔这位家庭主妇的成功，对于她的成功，谁还会怀疑吗？她已经成功地帮助自己的丈夫住进了世界上最大、最漂亮的房子——白宫。这是所有家庭主妇们的荣耀。

家庭主妇是值得骄傲的职业

有一位社会学家曾经得出这样一个结论：处理家务事，已经不再被当代的女性看作是非常重要的一件事。不管她们多么出色地发挥了自己的原始才能，似乎也不会对社会产生多少价值。所以，当一个女人以自己只是一个家庭主妇，并向他人表明身份时，总会多多少少地感到一些畏缩和遗憾。

这位社会学家所做出的结论，的确反映出现在社会对于"家庭主妇"这种地位的认知及评价。我想大家一定也听过许多女性在描述自己的身份时会用"只是一个家庭主妇"这样的字眼吧。那么大家是否也和我一样，极其愤恨这样的描述呢？世界上还有什么更重要、更值得尊敬的功劳可与维持一个家庭的和睦，养育好自己的子女，支持自己的丈夫相比呢？放眼整个社会，还有什么更具意义的工作能与做好一个家庭主妇相提并论呢？

一个女人为家庭生活奉献出了全部的时间和精力，她一生扮演的角色家庭就是主妇。女演员在职业表演中所需要的技艺，还没有家庭主妇这个角色的技艺丰富，在表演之初，女演员们都会学习参考剧本，根本不用考虑出现什么意外情形，可是家庭主妇们的表演却从来都不是固定的，她们要深思熟虑每一次的表演，每一次表演的好坏都关系到一个家庭的未来，她们在家庭这个舞台上表露出真情实感，而不是刻意酝酿出的感情。

一个出色的家庭主妇需要多少专业技能，有人仔细计算过吗？首先，她要成为厨师、裁缝、洗衣妇、护士长、管家、保姆、家庭教师，并且还要成为购物专家；其次，她还要兼顾或是成为一个专职的司机、书记员、记账员，甚至是牢骚发泄的对象；公共关系专家、人事主任、理财专家等等也是她应该具备的职能。我甚至可以为你写出一长串诸如此类的名单，我相信，你会发现所有叫得出名字的职业都在这份名单上。当然，女人们不仅仅需要具备这些技能，除了要担任这其中的大部分角色外，还要保持自己的魅力和旺盛的活力，做最出色的自己，这是家庭主妇牢牢抓住丈夫心中重要位置所必备的一些条件。

我从来没有听说过哪个老板亲自打扫自己的办公室，也没见过老板做会议记录，或为员工挑选圣诞节礼物，这些事情他都不会亲自去做。至少到现在为止，我还没听说过这种事情。但是，家庭主妇们要完成的事情却比这多得多。因此，主妇们在某件事情上出现了一点小的纰漏又有什么值得大惊小怪呢？为什么还要遭到有些人的埋怨呢？在我看来，把那些时髦的影视明星、精明的职业妇女以及最会打扮的女士都加在一起，她们所表现出来的能力和才华也远远比不过一名家庭主妇。我甚至想提议设立一种年终奖，对那些在一年当中出色地完成了主妇职责的女性进行奖励。

你千万不要因为自己是一个家庭主妇就畏惧退缩，其实，人们还没有意识到家庭主妇对丈夫的事业的影响力到底有多大。

《女人，被忽视的性别》一书是玛莉亚·凡罕和弗迪南·伦德波格博士的著作，他们在书中这样写道："我们的调查结果表明，一般来说，妻子承担了家庭中的大部分的家务。这种做法最大的好处，首先是不用雇用他人，这使得丈夫收入的有效运用价值增加了百分之三十至四十，这就为家庭节省出大量的开支。"

另外，在《生活》杂志一期名为《女性的处境进退两难》的特刊中，他们还计算出这样的结果，如果一个家庭雇用别人做家务事，承担起家庭主妇们的职责，这个家庭每年起码要为此多支付一万美元。因此完全可以这样说，那些勤劳的家庭主妇们为忙于事业的丈夫减少了许多负担。

每一个成功的男士背后都站着一位不平凡的女性。许多功成名就的男士，比如尊敬的艾森豪威尔总统，都是在妻子的帮助下才获得成功的。而这些妻子们从来没有把自己家庭主妇的身份看得一文不值，无一例外，她们都认为：家庭主妇这种职业具有非常崇高而又非常重要的意义。

艾森豪威尔总统的妻子玛米·多特·艾森豪威尔的一篇文章刊登在《今日美国》某期杂志上，这篇著名的文章就是《假如我现在又当了新娘》。总统夫人在这篇文章中提出了许多真知灼见。她这样写道：成为一名妻子，就是生命带给女人的最伟大的经历。

许多家庭工作都是烦琐的，看起来可有可无，又无足轻重的。十分惹人厌烦的家庭事务就是洗孩子们的袜子和全家人的脏衣服，并且每天至少一次。当你的丈夫回来时，他向你询问说："亲爱的，你看，我今天又完成了一笔大的业务，今天你在家做了什么呢？"妻子一边炸着土豆片，一边说道："噢，今天我付了瓦斯费，把我们的草坪修剪完了。"

这个时候，你的愿望一定是出去找份工作，希望结识更多的人，并为家庭多赚一些收入。对你来说，这可能具有很大的诱惑力，然而，你如果不屈服于那些诱惑，你得到的报酬也许会更多。如果你一旦屈服于那些诱惑，十年、二十年或是在你的余生中，你会发现自己除了一个职业之外什么都不曾拥有。那时的你就会明白，是你和你的丈夫同时抛弃了你们的家庭，你们的家不存在丝毫的温暖。

总统夫人说道："如果我现在才结婚，如果我有机会再做一次重新选择，我愿意像以前一样，还是要做一名家庭主妇，而且我愿意尽我最大的努力去做一名优秀的家庭主妇，妥善用好丈夫赚到的每一分钱，去结识那些值得我交往的朋友，看着丈夫每天早晨吃完热气腾腾的早饭后满怀信心地去上班，我很欣慰。为了帮助他实现一切梦想，我还要尽最大的努力去做好我应该做的。我毫不后悔选择做家庭主妇，并且认为这份工作充满了乐趣。为了让艾克以及我的家永远保持着平稳和安定，我会想尽办法、尽我所能，这会让我在繁忙的生活中感受到一种快乐，也让我感受到生活的价值与意义。"

我们亲眼见证了玛米·艾森豪威尔作为家庭主妇的成功，这一点有谁会质疑呢？

"炼就"好太太的十大准则

凡是今天能够来到这里来听我讲座的太太，有一个共同的目的，那就是大家都希望能成为一个好妻子，今天我就把成为好太太的十条准则告诉给大家。这些经过许多专家多年反复探讨才得出来的准则，如果你将它们贯彻实施到你的生活中去，那么我相信，你的家庭生活一定能够变得更加美好，也会为你的丈夫、子女们以及你自己带来幸福。

你的心中是否对它充满了渴望呢？那么，现在就让我们来领略这十条准则的内涵吧！

1.真正领会"爱"的含义

很多女士都以为，真正的恋爱，自己在年轻的时候就体验过。当然，那时候她们的确坠入了爱河。但是在结婚后，这些女士往往会怀疑之前的恋爱体会，甚至会认为，自己的婚姻完全是由一个可怕的错误促成的，或者后悔当时没能和其他人结婚。

我认为，爱情远比想象中的要复杂，爱情总是被年轻人简单化、梦幻化。特别是进入了婚姻之后，年轻夫妻的感情需要变得更加成熟，才能适应今后的婚姻生活，并且从中找到幸福。爱情使者保罗在信中曾经写道："爱情会永远成功。"

我想他的意思大概是想说，在爱情中，只要你的心态是成熟的，你的婚姻就能够获得成功，如果你总是以训诫、挑剔或者用眼泪来哀求，就无法赢得长久安稳的幸福婚姻。

尽管我们承认，性在爱情当中会产生非常大的影响力，但是男女之间单纯的生理上的吸引并不意味着爱情，青春期少男少女的痴情更不是真正的爱情。爱情会以各种形式表现出来，它是一种生活能力，也是热爱生活的感受，适当的自爱也是爱情。能够得到全部的、完整的爱的人几乎没有。假如你希望得到你的丈夫的爱，那么你必须首先把一种成熟的爱，以一种他能够接受的方式给他。例如，有一些男人是在严谨的家庭中成长起来的，他们的性格往往含蓄内敛，轻易不会外露自己的感情，这个时候，如果他的妻子是性格外向，且充满柔情的人，那么她一定会抱怨丈夫缺少温情，过于冷静。

2.努力追求"美满的婚姻"

不能苛求一个人是完美无瑕的，同样，也不能去苛求婚姻是完美的。年轻人往往对爱情以及婚姻抱着不切实际的想法。尽管在现实生活中，也存在少数比较美满的婚姻，但是我们必须承认，这是夫妻双方共同努力的结果。他们肯定做出了很多付出，但我们通常看不到这些努力和付出。

婚姻是一段新的旅程，这段旅程的大道并不全都是平坦的，你要做好长时间辛苦努力的心理准备，而且必须从现在就开始着手，只有这样美满的婚姻才会属于你。有一位充满了个人魅力而不愿过着平凡生活的妻子曾经这样说过："在婚姻这段新的旅程中，'无聊的工作''小孩的尿布'，以及'恐怖的房贷'占据了我所有的时间与精力。

"另外，在结婚后，我看什么都觉得不顺眼，之前自己那位潇洒的伴侣，会把恋爱时不曾有过的一些习惯和缺点逐渐显露出来，甚至有时候你会对他感到厌恶。他的变化与你想象的完全不一样，当然你在他心中也不再是原来的那个样子。你们之间的分歧和矛盾渐渐出现了，直至爆发战争，所有的这些都是你们完全没有意料到的。"

婚姻关系是所有人际关系中最复杂的，而且也最棘手、最不好处理。想要处理好婚姻关系，就必须要有足够的耐性、技巧以及感情和精神上都成熟的心态，要想全部做到这些是十分困难的。只有你们双方都付出精力，才能培养出和谐的婚姻关系，并且使你的婚姻变得近乎完美。

3.满足丈夫的特殊需求

在这世界上，要找出两片完全相同的树叶是不可能的，也找不出两个完全一致的人。在这个世界上，任何事物都是完整而独立的个体，你的丈夫也不例外，他也是独一无二的人。同你一样，你的丈夫不是其他人的结合体。作为男人，他有刚强的性格和健壮的体魄，当然他也有自己的喜好、需求和不足。总之，不要用你脑海中的理想形象去苛求他，也不要为了取悦他而使用你想象中的方法来对待他。

作为一个妻子，虽然你的愿望可能是想取悦他，也想满足他的要求，但是使用错误的方法，不但不能达到目的，最终的结果只会与你的初衷背道而驰。

也许你的丈夫需要你的温柔细心，这说明他需要你来帮助他，男人的性格不同，需求也会有所不同。如果丈夫喜欢整洁干净，他就会希望自己的妻子把家里打理得井井有条。假如一回到家，他看到一片狼藉的景象，心里肯定不高兴。如果丈夫热爱运动，他便不在乎家是否被打理得有条理，他更为期盼妻子能够在周末和他一同去游泳。如果他遇事不假思索，喜欢直来直去，那么妻子以同样的态度来对待他，则会让他更加满意。如果丈夫善于谋划，喜欢过有计划的生活，那么他当然希望妻子能够与自己步调一致。"顺从他的意愿就能取悦他的心"这是某些人想当然的想法，这个经验也许适合你的丈夫，也许压根儿就行不通。

如果你想取悦自己的丈夫，就必须对这个男人的喜好有所了解，并且要摒弃自己的偏见，努力找出丈夫真正喜爱的东西并去适应它。起初，也许你会觉得无法满足他的全部要求，但是，千万不要就此断言你们的婚姻无可救药了。因为没有人能够做到满足对方的所有要求。同样的，假如丈夫无法达到你全部的要求，你也不能就此认定你想要的伴侣不是他。

如果丈夫的需求有些特殊，但是这些需要并没有什么不当的地方，那么作为妻子，无论如何也要尽量去满足他。如果丈夫提出的要求是无理的、完全不现实的，那么你就要立刻表明观点，不必忍气吞声，从而维护自己的尊严和权益。妻子没有必要让自己成为婚姻的牺牲品，不必去做丈夫权势之下的可怜虫，站起来表达你的诉求，而不是用委曲求全的眼泪或其他软弱的手段去换取他的同情。

4.不要过于依赖父母

因为你结婚前一直在父母的身边生活，所以你会依赖自己的父母，这本来是人之常情，但这并不代表你在结婚后可以一直把父母作为家庭的核心。尤其是在刚结婚的几年里，很多女士无论做什么事情，都要先去听取父母的意见，她根本没有考虑到这会给父母带去很多麻烦。在结婚后，你应当逐渐成熟并且学会独立，尽量减少对父母的依赖。

父母给予女儿无私的爱，虽然他们希望她独立自主，但是又害怕女儿因此失去依靠。出于这种矛盾的心理，父母的恐惧感就会以各种各样的方式表现出来，他们会随时随地关注女儿的生活。有时候父母也许给一些有效且明智的指点，但是由此也带来了坏的影响，那就是父母完全把女儿控制住了。即使其目的是为了不让女儿犯错误，这样的做法也是不可取的。父母过分的指导，会导致三四十岁女儿在回家探望父母的时候表现得如同孩子。经过了许多年之后，有的父母甚至会因此遭到女儿埋怨。

将近四十岁的珍妮说："我每一次回家，母亲总是一直照顾着我，让我觉得自己还是一个七八岁的孩子，她教我如何与丈夫相处，为我照看我的孩子，她总是说'珍妮，你应该这样做呢'，'珍妮，我来帮你做这个好了'等等。我回到自己家以后，妈妈还会写很多长信对我的生活加以指导。我当然要感谢她的帮助，但是我多么希望她能允许我犯一些错误，让我发表一些自己的见解，这样我才能从教训中独立起来。"

母亲对自己的子女往往有很强烈的控制欲和占有心理，她们对子女的伴侣带有天生的敌视心理。虽然很多母亲都表示，希望自己女儿独立，但是她们与女儿之间的脐带关系总是无法割断，满足孩子的需求是她们与生俱来的心愿。与此同时，女儿也意识到应该独立自主，但是她们仍然会无意识地抓着父母不放，觉得自己还没有成熟，不能断然拒绝父母的帮助，这就使自己的生活难免被父母掌控，受到父母的干涉。

妻子不仅要独立自主、不依赖父母，在婚姻关系中，还要注意一条重要的原则——细心对待丈夫的父母以及亲戚。永远不要去指责丈夫的亲戚，可能连你的丈夫都不满意亲戚的行为，可能他会顶撞他自己的父母，或者对自己的兄弟加以责备，或是与自己的姐妹闹矛盾，但是，作为妻子，你绝对不能随意评断他们，他的事情由他去做好了。

丈夫决不会认同，也不会欣赏妻子对他家人的指责，你要做的是忍耐。这个道理同样也适用于你丈夫，他也不能指责你的亲戚，这种事情需要双方共同努力。

5.用鼓励取代强迫

有一位丈夫在写给我的信中这样说道："我总是受到我太太的埋怨，她责怪我从来不赞赏她，从来不评价她的新衣服是否好看，也从来不说她漂亮，更不去赞赏她把屋子收拾得如此干净漂亮。她十分伤心，甚至有些愤怒。我对她说，这都是她应该做的事情，可是她也从来没有赞扬过我的勤奋与上进。当我把薪水交给她的时候，她也没有夸奖过我，我对此也没有表达出不满。为什么她非要让我赞赏她早上做的煎蛋卷，或是欣赏她的新发型，这一点我就弄不明白。难道她不应该这样做吗？我每天工作到筋疲力尽难道非要像她说的那样做？"

当下，许多夫妻所面临的情况与这对夫妻极其相似。在一般情况下，女人更感性一些，因此她们比男性也更需要安慰，而且她们非常渴望得到赞扬。太太付出很大努力，做了一桌可口的饭菜，丈夫赐予她一些赞赏是应该的。

与上面提到的那位丈夫一样，女性对于周围事物的关心程度远远胜过男性。今天换了沙拉酱，妻子穿了一身新衣服，这些很少被丈夫注意到，因此他就很少赞赏他人。另外，丈夫也一样，同样需要得到妻子的安慰和赞赏。

如果一个妻子总是抱怨丈夫不知道赞美自己，或者是强迫丈夫来赞美自己，那么，由此会造成丈夫的逃避，甚至反感和敌视。这时候，最明智的做法就是，你先给予丈夫他所期望的赏识和赞扬，那么一定会换回他对你的赞赏。如果你的丈夫不能对周围的事物迅速做出反应，或是他因为自私根本就不想表扬别人，那么你应该表现得更温柔一些，并让他清楚地知道你的想法。

另外，如果女人把自己的丈夫视为小男孩，那是所有男人都不愿看到的，因此，妻子们和丈夫沟通时最好不要用母亲责备孩子的语气。战胜男人的武器是温柔和机智，在他们面前，指责和强迫注定要失败。

没有天生就完美的丈夫，但是，如果一个妻子聪明贤惠，她就会运用渗透的方法，把自己的丈夫变得更加完美，而丈夫也会在不知不觉中受到妻子的影响。

6.消除你的嫉妒心和独占欲

每个人都会产生嫉妒心理，如果这种嫉妒不是很过分，那么它就可以得到原谅，但是，过分的嫉妒会变成欲望的魔鬼，当你任由心中的嫉妒膨胀，它们就会演变成独占欲。独占欲和嫉妒心像是亲兄弟一样密不可分，极度缺乏安全感是产生独占欲的根源。

一方之所以感觉到冷漠和孤独是因为伴侣具有强烈的独占欲，长此以往双方的关系就会受到危害。有些独占欲强烈的妻子最终会迫使丈夫摆脱家庭束缚，甚至投入到其他女人的怀抱。

仔细想一想，你是不是经常不许丈夫出门，只能在家里陪你，甚至剥夺他加班以及与朋友消遣的时间？当你的丈夫和女同事交往时，你是不是有过分的表现？你是不是觉得风度翩翩的丈夫不踏实，他必须时时刻刻留在你身边？为防止丈夫接触别的女士，你甚至准备同他一起出差。如果你有很大的不安全感，就一定会出现上面的这些状况。

假如你已经意识到了这种现象，就应该注意了。如果经过努力尝试后，仍未扭转自己的状况，那么我真诚地建议你，向一些婚姻专家进行咨询请教，把他们的建议作为参考。也许这个过程比较长，所以要想等待情况的好转，你必须具备足够的耐心。

7.温柔而热情地迎接丈夫归来

当丈夫回到家时，你肯定希望见到他面带笑容、充满活力的样子，能够感染你的也只有这种表情，这是十分正当的需求，如果丈夫表现出萎靡不振，甚至厌烦的情绪，我想在你看到丈夫表情的一瞬间，你也会把郁郁寡欢和压抑神情表现出来，所以，照此推断，丈夫的想法也应该如此，在他推开门的一瞬间，希望能够看到那个温柔而热情的你。如果他下班回到家，没有得到你热情的拥抱和亲吻，便会感到失落和讶异。如果他见到你面无表情，或是看上去很生气，一定会联想到又惹祸的孩子，又堵了的下水道，还有很多等着他去清理的垃圾。像这样琐碎的小事，很快就会成为你们争吵的原因。

尽管你觉得自己每天都要辛苦地工作，却没有过上好日子，并且家庭负担还这么重，你非常希望丈夫能替你分担一些痛苦和忧愁。可是，丈夫对你的要求总是置之不理。在你需要他理解和支持的时候，他表现得是那么的不情愿，甚至会支支吾吾、嘟嘟囔囔地来回应你，这会让你感到十分愤怒和伤心。事实上，你也应该对丈夫的反应加以揣摩和理解，他并不是不愿意帮助你，而是很多时候你也未能满足他的要求。

无论你之前是否习惯对丈夫笑脸相迎，从现在开始，你应该试着热情地对待他，就像欢快的小鸟一样。见面就诉苦、抱怨或叨唠一堆琐碎的事情，无疑会伤害你们的婚姻。可能你会觉得，你的伴侣与你想象的相差甚远，殊不知丈夫对你也有这种想法。他会想起结婚前那段美好的日子，从来没有坏消息和牢骚让他心烦，他甚至对那种单身汉的生活开始心生怀念。

婚姻生活中，无法十分清晰地区分夫妻之间的是是非非，有些事情不是用一句简单的话就能讲明白。爱情是奉献，而不是一味索取。任何人都不可以只索取而不付出。如果出现僵局，应该由更成熟、更懂得并理解爱情的一方来出面处理。如果你想走出婚姻的阴霾，从现在起，就要尽量多地施展你的柔情，对你的丈夫尽情地赞美，并且不要急着看到效果。"今天她是怎么了？"——也许刚开始你的先生对你的转变会感到奇怪。假如说一个妻子希望自己的婚姻变得美好和谐是出于真心，那么她就应该认真地坚持一年，甚至是五年，直至养成习惯，然后你就会惊奇地发觉——自己和丈夫的关系是如此的和谐。

8.展现你的温柔

至少有一件事情我们必须要清楚，我们不可能直接改变他人的性格，能改变的只有我们自己，如果我们自己能够有所改变，相应地，其他人也会随之发生变化。这个道理在婚姻生活中同样适用。如果太太们想和丈夫一起过上幸福的婚姻生活，就必须放弃改变丈夫的念头。企图用命令或把丈夫强行捆绑在自己想法之中的做法，只会让丈夫对你产生抵触情绪，而且还会引起家中其他成员的不满。

想得到别人的爱，只能去爱别人，这样才能够传递爱，而埋怨和牢骚只能引发对方的忌恨。

你有权利表达自己的情绪，问题的关键是，你要选择适当的方式。我们可以看看下面这两种不同的表达方式，做法不同，造成的结果也截然不同。

"我真是受够你了！你怎样才能记住我们的结婚纪念日？现如今，你甚至都不愿意和我说话了，我都忘记了我们上一次外出吃饭是在什么时候！"愤怒的太太终于爆发了。

"亲爱的，我想我能得到你的帮助，我觉自己遇到了一些烦心事。最近我总是心情烦躁，很难调整好自己的情绪。我想我是不是应该去看看医生。原因可能是人为造成的。我也不知道怎么会变成这样。我常常感到心烦意乱，也许是因为孩子们太淘气了。我知道你的工作也很辛苦，因为你的心情最近也很急躁。但是，我有时无法克制自己的任性，向你提出了一些无礼的要求。也许你会误以为我不爱你了，对你不像结婚前那样好了，但是请你相信，我还像以前一样爱着你。我要努力恢复到从前的样子，当然，我没有权力让你跟我一起改变，我也不能要求你必须适应我，也不打算那样做。我想我可以先让别人照顾孩子，我们找时间一同出去散散心或是去吃一顿野餐，我们也应该为自己多留出点时间，你说呢？"

这两种做法产生的效果肯定是不同的。妻子提出要求后，也许有的丈夫会立即做出反应，从而改变自己，但是有的丈夫却没有那样的想法。对于第二种丈夫，妻子们只要继续努力，一定会达成目的。妻子们只有在向丈夫传达爱意的时候，才能表现出这种温柔，但不能将这种温柔的方式作为达成某种目的的撒手锏。

灵敏的丈夫会迅速做出反应，而迟缓的丈夫则可能需要领会一年。无论丈夫的反应是怎样的，这样的做法都值得一试。好妻子不会勉强丈夫做事，总是能让丈夫感受到她无私的爱和良好的耐心。

9.不要自以为是

很多人都有自以为是的习惯，这种习惯往往是在优越环境中成长起来的，这种人总是觉得自己比别人更有优越感。患上了这样的"王子病"或者是"公主病"的人很多。

虽然人与人之间的确存在诸多差异，但是，绝对不存在谁比别人更高人一等的说法。也许一个聪明漂亮的女孩子已经习惯了别人对她的赞美，毕竟，自己的父母、亲人、朋友都夸赞过她，先不说这些人是怎样表达的，不管这些赞美是否出于真心，都会让她产生飘飘然的感觉。如果在父母宠爱下，这个孩子还拥有一点才能，那么她的心中就会萌生高人一等的优越感。开始，这样的孩子会在自己的亲人面前炫耀，并逐渐变得自以为是。

这种自我陶醉的心理是在儿童时期就形成的，而且是一种不成熟的心态，如果不能很好地处理，它就会伴随孩子一生。只有摒除掉儿童时期形成的这种毛病，孩子们才能真正在情感上成熟起来。

当然，没有人希望自己是特殊的，或者得到别人特殊的对待。自以为是的人只会提出更加过分的要求，喜欢对别人颐指气使，当自己的要求得不到满足时，就会大发雷霆。用买生活必需品的钱去购买奢侈品的行为，只有自以为是的妻子才能做得出来，并且习惯用强硬的口气与丈夫沟通。有时候，她还会利用自己的小聪明，去摆布别人来满足自己的要求。诸位太太们，如果你发现自己身上存在这种儿童时期的遗留物，哪怕它只有一点点，也要立即摒弃它。

10.拿出你的宽容和耐心

这位太太在结婚之前就知道，自己的先生有酗酒的毛病，但是她并不在意："酗酒不是什么大毛病，而且能够克服掉。何况我的丈夫很少会喝得酩酊大醉。如果他很爱我，我想他知道如何克制。"结果，丈夫的酗酒程度并没有因为太太的话有所减轻，反而喝得更加厉害了。

还有一位男士，他非常热爱高尔夫球运动，在结婚之前，他的未婚妻并没有对他的爱好表示出不满，但是在他们结婚后，这种情况发生了变化，妻子开始不断抱怨：丈夫为了打高尔夫球，而经常把自己丢在家中。

一般情况下，强烈渴望婚姻、家庭、孩子的女人，不会太在意丈夫的一些小毛病和小缺点，女士总是以盲目的乐观态度对待婚姻。她们对"爱情可以改变一切"的箴言深信不疑，并对此抱着幻想。但是，大多数情况下，只有用正确的爱情观才能解决婚姻中的问题，而正确成熟的爱绝不能缺少耐心。爱是恒久的忍耐，不成熟的爱情无法持久下去。

好妻子不会对丈夫进行指责、埋怨或是发命令。丈夫与妻子距离的远近与妻子批评丈夫的次数是成正比的。即使你批评得完全正确，也无法阻止你的丈夫与你渐渐远离。爱情带给人的期望太多，对丈夫酗酒、流连高尔夫球场、眼睛紧盯着电视屏幕而对你的不理不睬、忽视你们的结婚纪念日等等，这些粗心大意的行为，常常让你无法忍受。但是，你如果用发脾气或哭泣的方式来解决这些问题，将不会得到任何效果。你需要付出极大的耐心去容忍、接受丈夫的一些行为。建立美好婚姻的根基是耐心。

当然，说爱是持久的忍耐，并不是说丈夫可以仗着你对他的爱，随意践踏你的权利。当然，妻子也有权利表达自己的观点。

婚姻并没有赋予你控制别人的权利，但你更不能为了维持婚姻而放弃自己的个性，从而成为一个忍气吞声的可怜虫。妻子不能因为应对丈夫保持耐心而丧失自己的权利。

为生活制订计划

玛格丽特·威尔森写了《你想要变成的女性》和《如何超越你的平凡》两本著作。她也是当今最著名的专门研究女性美与仪态的专家。她本人就像她在书中所倡导的那样，是一个典型的模范女士。这位女士做着十分烦琐的工作，很多家务事是她首先要做的，之后又要在与朋友们的聚会中，时时刻刻表现出她的美丽得体。

最近，玛格丽特女士邀请我和桃乐丝共同参加她的家庭宴会。这次自助餐晚宴仅仅邀请了八位宾客，其中包括有几位政治家。宴会的布置也是十分赏心悦目，宾客们觥筹交错，谈笑风生，大家都享受着美好的氛围，宴会举办得非常成功。我们品尝到了玛格丽特意准备的一顿精美大餐，有炸鸡、大腕鳄梨、柿子沙拉、热卷面包、青豆蘑菇炖锅，以及自制的水果果冻和冰激凌，现在我还能回味起餐桌上的那些美味。

在这次宴会上，并没有仆人帮忙，所有东西都是由玛格丽特亲自准备的，但是这并没有让她有一丝的慌乱。宴会结束之后，我问玛格丽特为什么能把宴会安排得这么好？

"其实很简单，我用最便捷的方式做所有的准备工作，所以节省了不少时间。说得清楚一些，在所有的客人到达之前，我就开始做炸鸡，大家开始喝鸡尾酒的时候，我就在烤箱中加热炸鸡。在宴会之前，我就用水果罐头做好了水果沙拉，这样就可以随时食用，而且味道也不错。下午，我又煮好青豆，然后把蘑菇放进去。到上菜的时候，我就把它们炖好了。我事先将冷冻水果混合好，做成甜品，再把它们放在冰激凌上。事先准备好一切，就不会有什么麻烦了。"

然而，在很多女士的心目中，准备一场宴会意味着要忙碌几个小时。从烹制饭菜到烘烤蛋糕，要把精致的碗碟准备好，还要留意客人的特殊喜好。等到客人到齐的时候，宾客们能够看到忙碌的女主人快要累瘫了。

1948年，我们在欧洲认识了一位朋友，他是大学教授。有一次，他邀请我们到他家做客。当我们准时到达他家，教授解释说，为了准备晚宴，他的夫人正在厨房里监督仆人。过了一会儿，他的夫人走了出来，坐下和我们交谈了几句，但是桃乐丝和我都感觉这位夫人的心思还在厨房，很快她就又去厨房了。

应当说，他们的晚宴的确做得非常可口。但是我发现，从来没有哪位宴会的主人能像教授夫人这样花费如此多的心思。每当我们吃完一道菜，这位夫人就要去厨房监督下一道菜。这个精致却让我感到不舒适的晚宴结束后，大家都舒了一口气。我想，为了让这位女士享受相聚的乐趣，我们更愿意把这顿饭安排在餐厅里。显然，她肯定没有听说过玛格丽特的"简捷"办法，或许就算她知道了，也不肯那样去做，毕竟这是欧洲的传统习惯。

根据现实的需求，凭借丰富的想象力，美国的家庭主妇们创造出了数不清的冷冻食品、密封包装好的什锦菜，以及各式各样的家庭用具。为什么不好好利用这些东西的功能呢？它能给你带来很多好处，节省时间和精力，完全可以用那些节省下来的时间和精力去做其他事情。

当然我并不是说，母亲亲手煲的蔬菜汤的味道比不过什锦菜，我认为这两种菜的味道并没有什么不同。但是，我认为丈夫们肯定更愿意看到他的太太每天都精神饱满、神采飞扬，而不愿意看见她每天在厨房里忙好几个小时，这让任何人都无法提起兴致来。

有研究报告表明，无法提高家庭效率是一些家庭主妇最大的缺点。吉尔布雷斯提出了这样的观点："节省行动"已经使我们知道许多处理家事的简捷方式，你有没有有效地减少做成一件事情的步骤，你是不是在用复杂的动作去完成原本简单的工作？认真反思你在处理日常工作时犯下的错误，然后思考一下你的效率是否能够提升。通常，最快的方法就是最好的方法。

例如，在你做早餐时，你完全可以一次性从冰箱里取出所需要的东西，这样做不仅能够省电，也能节省你大部分时间和精力。先拿走一个鸡蛋，又来取一次奶油，过了一会儿又取一次奶酥，这种做法不值得提倡。

另外，还有一个节省时间的有效办法，就是在房间的各个角落都放上抹布和海绵。比如，为了保持浴室的洁净，可以在你们的浴室里放一块海绵，这样，你可以随时取出来擦拭一下。不要等到灰尘积累了一个星期，才想到去清洁。如果你能做到"走到哪里，扫到哪里"，就不必为应该如何清扫房间而烦恼。如果你住的房子是一栋二层楼，那么很有必要在一楼和二楼都放一些清洁用具，比如肥皂、刷子、拖把、抹布等等。

我也有一些这方面的经验。在我们的孩子还很小的时候，因为家里实在没有摆放婴儿洗澡盆的空间，我只能在浴室中帮他洗澡。因为我的个子比较高，所以我要弯下身子给他洗澡，因此我的背会疼痛好久。后来，我就在厨房的水槽里给他洗澡，这真是个很不错的方法，不但我的腰痛减轻了，而且也给孩子带来足够的空间，甚至还有一个淋浴头为他冲洗。

很多忙碌的女士在晚上洗好盘子和碟子后，还会顺便把次日早餐要用的餐具摆好。这样就不用把餐具拿来拿去，还能够让你的早餐吃得更舒适一些，而不会像要百米赛跑似的来回穿梭。

对于女士们来说，上街购物是最耗费的事情，下面这些简便的方法可以帮你节省不少时间：

1.大宗订购日用品

有些日常用到的东西，比如餐巾纸、卫生纸、肥皂、牙膏、清洁剂等等，可以使用邮政或者是电话大宗订购，这样，我们还可以从中享受送货到门的服务，以及优惠的价格。

2.购买之前把购物计划列出来

如果你需要一件冬天穿的大衣，那么在你走进商店之前，自己心里一定要清楚：你需要什么材质、什么价位、什么颜色以及什么款式。这样你就能够节省不少时间，而不必漫无目得像苍蝇一样乱撞。

3.加入一家消费者服务社

我加入了一家服务社，一年的费用只有六美元。但是，它却能提供物超所值的服务，能为我每年省下一笔庞大的开支。它每一年都会寄给我一本目录，每一个月会寄来商品说明书。市面上所有的商品都会记载在这本目录中，从牙膏到汽车，无所不包。

服务社对这些商品进行等级划分，并告诉你最贵的并不一定是最好的。比如去年，我只花费四十九美分买了目录上的一款洗手剂，而且还是市面上最好的牌子。但我们家之前经常使用的洗手剂却要一美元，而且质量也不好。单就这一项节约，我认为就值参加服务社的花费了。

4.养成记录的习惯

我在办公室工作的时候，学会了记杂记。如果你的记忆力不是特别出众，那么节省时间最好的办法就是记杂记。无论是安排宴会、订购日用品、计划年度预算，还是上街购物，你都应该养成记录的习惯。不要让自己那么辛苦,脑子里除了要装莎士比亚的十四行诗以及丈夫的老板的电话之外,没必要装那么多的杂事。而记杂记能大大减轻大脑的负担,也节省出更多的时间让你的脑子去做其他事情,而不仅仅是用来记忆。

现在只要认真思索一下自己的工作方法,你就会发现许多地方值得改进。因此你会空出许多时间去做其他事情,比如约会你的先生,或者带孩子去郊游。为什么一定要在不断开关冰箱门上时间浪费呢?

下面是可以帮助你恰当地规划工作,提高工作效率的三条建议:

1.改进做事方法

为了避免过多地耗费时间,在你每天都必须做的一些事情上,完全可以提前做好计划。处理一些烦琐的事情时,一定要学会化繁为简。大多数时候,主妇们都是因为做事方法不当而浪费了时间。

2.寻找便捷之道

努力寻找便捷之道,如果你仍感到毫无头绪,那么不妨请你的丈夫,或者朋友帮忙出主意,或是给一些杂志上的家庭专栏写信,请他们把一些生活上的小妙招提供给你。

3.设法掌握你并不在行的工作

有一次,亚历山大·格拉汉·贝尔向他的朋友约瑟夫·亨利抱怨,说自己因为缺乏电学知识,他目前的工作进入了瓶颈期。"学会它!"这位史密索尼安协会的秘书只对亚历山大说了这样一句话。

你没有必要因为做不好一件事而感到愧疚,真正丢人的是不去做那件事。如果这件事情值得做,那你就需要把它做好,即使是普普通通的女人,只要她想,就一定能够把家庭照顾好。即使你请了用人,也可以将自己的想法告诉他们,这样用人就会知道应该如何去做了。

有必要说明一件事情,提高工作效率并不是让你把自己喜欢的工作放弃,也不是要减少你做家事的乐趣。要欣赏到花朵,你必须除掉杂草，但是千万不要因为一时的兴起，把花也一并除去。太太们可以在自己不喜欢的工作上使用一些简捷的办法，这样，你就有更多的时间去做自己喜欢的事情了。

我知道，很多女人的满足感都来自烹制菜肴，或者是装扮卧室等事情。无论你对哪一方面感兴趣，都要学会享受它，而不是放弃做好一件事情的满足感。把一些生活技巧运用在家庭事务上面，主要是为了提高自己的工作效率，让你拥有更多的空闲去做你更喜欢的事情。

利用好宝贵的二十四小时

你是否知道，那些全国最忙的女士一天二十四小时都是怎样分配的？

没有人认为埃莉诺·罗斯福是一个懒惰的人。她在各地演讲、坚持写作、用各种努力促进各国之间的友谊，她的总统丈夫的日程表并不比她更忙碌。就连那些比她年轻，比她有精力的女性也无法胜任如此繁重的工作。

记得有一次在纽约，我对这位总统夫人进行了访问，我的访问刚结束，罗斯福夫人便要到另外一个城市去参加一个民主党的集会。我问她是如何完成如此多的工作的。"我从来不浪费一点时间。"她的回答简单明了，也很容易理解。

总统夫人告诉我，不仅如此，她还在报上发表过很多文章，而这些文章都是她利用约会与会议之间的短暂空当完成的。她经常工作到深夜，天还没亮就起床工作。

这位总统夫人和我们一样，也是每天只拥有二十四小时，而我们的二十四个小时又是如何度过的呢？对于很多妻子而言，她们的二十四小时总是悄无声息地就流失了。而对于自己喜欢的事情，又总是没有时间去做，她们没有时间读书，没有时间去学自修课程，也没有时间带孩子去动物园玩，更没有时间参与孩子学校的一些活动。

保罗·波派诺博士在《如何创造婚姻生活》这本书中写道："大

部分家庭主妇们的看法都是这样的：自己的大部分时间都耗费在了做家务上，以致自己的时间总是不够用。但是我在这里必须要说，这是个值得重新思考和商榷的论断。主妇们如果愿意的话，完全可以在纸上写下自己一周的活动安排，你会发现，这个结果一定会令人大吃一惊。"

这位博士说的没错，你可照此尝试一下，看看结果如何。记录自己在一个星期内完成的事情和所耗费的时间。如果你保持了足够的诚实和细心，你会发现有很多这样的项目："十点接到马蒂的电话，结束通话用了十五分钟"，"下午一点到两点间与隔壁邻居谈天"，"三点到四点半，喝完下午茶后和哈莉耶特逛街"。

通过查看一个星期的记录，你在日常生活里究竟浪费了多少时间就一目了然了。这样你就知道自己的时间都浪费在了什么地方，然后重新规划你的时间。优秀的主妇都是时间规划大师，家庭主妇也需要设计日程表。

在纽约市的社会研究学校，有一门课程叫做"社会上的女人——人际关系研究"。爱丽丝·赖斯·库克是授课教师，这位出色的职业女性也是一名优秀的教育家。爱丽丝小姐授课的主要目的，是为帮助女性在社会上找到符合她们的岗位。在课程开始时，每个学生都要填写她们一星期内工作时间的记录表。

有关记录表的意义和必要性，爱丽丝是这样向我解释的："学生们可以从记录表上看到自己浪费掉的时间，去打那些毫无用处的电话，或是她们明明可以在杂货铺一次性把所有的东西买好，却非要跑两趟完成。她们看到这些肯定会大吃一惊。这样，她们就会重新审视自己是如何利用时间的，并学会提高生活的效率。"

爱丽丝小姐还说："当我把自己的时间和工作记录表格做好之后，我就能够很清楚地认识到，我必须停止阅读侦探小说的行为。当然，并不是要求每个人都不能阅读侦探小说，但是，如果我仍然继续阅读这些小说，我将永远无法完成计划中的其他事情。"

至于那些每天都要花费我们宝贵时间的行为，比如等待接听某人的电话，等候公交车进站，排队等候理发，这些时间难道不能被我们好好利用起吗，干吗只是在干巴巴地等待？

有的人在这方面做得非常好。出了名的地铁乘客"万事通"专家约翰·切尔纳，把乘坐地铁的空当利用得非常到位。如果看到这位先生在地下铁里专心致志地阅读济慈的诗集，或是一篇关于鸟类生态环境的论文，绝不要大惊小怪，这对他来说可不是什么新鲜事儿。

已故的赫尔兰·F·斯诺先生曾经担任美国最高法院的首席法官，他在一次演讲中说："这个世界上的许多事情，其实只需要十五分钟就足够完成，但是这十五分钟的作用往往无法引起人们的重视，从而被白白地浪费掉。"

熟悉西奥多·罗斯福总统的人都知道，喜欢看书是这位总统的习惯，他的桌子上总是放着一本书。总统会在两个约会之间的两三分钟的空当，坐下来阅读这些书籍。总统的小儿子曾经这样描述好学的父亲："我父亲总是把一本诗集放在自己的卧室里，他能够利用穿衣服的时间背下一首诗。"

那些总是以"我没有时间"作为借口的人，难道你比总统还要繁忙吗？为什么你就做不到像日理万机的总统那样积极寻找时间看书呢？

而我所写的这本书，大部分内容都是在孩子午睡的两个小时完成的。我在美容院的吹风机下完成了相关资料的搜集工作。另外，我还发现，如果在化妆台上放一本书，那么每天在无聊的洁面和护肤的时间里，便能体验一次有趣的阅读。

列一个时间记录表，你就能轻易地了解我们的时间究竟浪费在了哪里，好好地利用这段时间吧，你不是一直想要学习一种外语吗？你不是一直希望能培养一种爱好吗？是画画，还是音乐及写作？不要找借口说没有时间，学习那些有大作为的人士，看看他们是怎样运用时间的，合理运用那些在繁忙的预定计划表里的空当。

也许你读过一本很有趣的名叫《一打比较便宜》的畅销书，法兰克·吉尔布雷思是这本书的作者。书中写了他们一家人的故事。作者是一位动力科学研究的先驱，他的妻子莱莉安也是这方面的专家。他们两个人一同把节省时间和劳力的概念及方法带进了商业界和企业界，同时也为家庭管理带来了新的理念。

这对夫妇一共养育了十二个孩子，他们从小就把这样一种思想灌输到孩子们的意识中：时间是一件天赐的礼物，必须要高效运用自己的时间。早上孩子们在刷牙，准备上学的时候，甚至可以在他们父亲放在浴室的大字报上学到很多新词。

同样，萨尔瓦多·S·盖塞提夫妇也将这种高效率的方法运用到了家庭管理上。作为丈夫工作上的助理，这位盖塞提太太除了要操持家务，照顾他们的三个孩子之外，还要做丈夫的秘书、记账员、人事经理以及研究助理。与此同时，还要去参加地方社团与家长教师联谊会的工作。这位太太给我写过这样一封信：

"我的生活理念就是要把我们身旁的杂草清除掉，只有这样，每天我们才会欣赏到美丽的花朵。

"我们的三个孩子都很调皮且精力充沛，我们的大房子和花园也在等着去打理，必要的时候我还得去参加社团的活动，做我丈夫的秘书，在家履行文化、宗教与社会的职责，我必须要付出所有的时间来做这些工作。

"很多提高效率的办法是我在收拾屋子，或是在为孩子们热奶瓶的时候想到的。我们共同出游的时候，也会带着孩子们一起参加一些有益于他们成长的活动。尽可能在最短的时间内，做完必须要做的工作，然后，我们便拥有更多的空闲来做自己喜欢的事情，这是我们全家人都提倡的。

"当然，我们并不是死板地将生活变成例行公事，我们的工作进度表也应该有弹性。有时候我们也会一起去专心致志地做一件特殊的事情，或是实施某个计划，从而把所有的其他计划都抛到窗外。

"我们共同工作、共同生活，分享彼此的看法，这样不但扩展了我们的视野，还让我们的生活变得更加充实、更加幸福。"

具备了获得成功应有的态度的盖塞提夫妇，非常善于协调工作以及生活。同罗斯福夫人一样，他们从来不会浪费时间。

或许你也有过这样的困惑，那些一直忙碌、事情做得特别多的人，为什么看起来好像比别人的时间还充足。谁在推动本地红十字会主席团的工作，谁在担负家长联谊会的工作？为教会的义卖会推销入场券又是谁在操作？那些没有孩子，并有两名以上的女佣、喜欢在床上享用早餐，而且每天午后还要打一场桥牌的已婚妇女，当然是不可能做到的。这样的女士每天需要照顾三四个小孩，以及一名辛勤工作的丈夫，而且她们一直在从事上面提及的那些工作。她们不但要把自己的本职工作做好，也需要参与星期天唱诗班的事务。

如此多的工作，这些妻子们又是如何在有限的时间内完成的？关键在于，她们能够恰到好处地安排自己的时间和家务，并非常重视自己所拥有的二十四小时。最可悲的是，把金钱看得比时间还重要，金钱失去了我们还可以赚回来，可是时间一旦失去了，就永远再也无法找回来了。下面这些原则，能够帮助你充分利用好宝贵的二十四小时：

1.认真记录每天分配时间的情况

这项工作至少要持续一个星期，然后你才能从中找出自己的时间究竟在哪里浪费掉了。

2.做一个日程时间规划表

如果有意外的事件发生，你可以随时变更这个计划。但这是一个具备原则性的工作计划表，所以更改它也应当有恰当的理由。

3.预先列出一周的菜单

预先列出一个星期的菜单，这样不仅能够节省下去超市的时间，还能为你的家庭提供令人满意的营养食品。

4.充分利用"浪费掉的时间"

去合理地规划那些浪费掉的时间吧！用它去做那些你一直没有时间做的、有价值的事情。

5.利用一倍的时间做两倍的事情

就像盖塞提太太一样。在你加热牛奶的时候，可以思考一下丈夫的研究计划；烤肉的时候，可以顺便处理一下难度较低，却需要花费较多时间的文件；与孩子们游玩时不妨做一个益智的游戏。这样做，会在一定的时间内让你的效率提高一倍。

6.充分利用信息和工具

只要我们把各种工具充分利用起来，很多事情就变得简单了。商品广告、各种调查报告或是商店的邮购小册子，都可以为你省下大量的时间。能用电话订购，或是邮购的商品，就不要花费整整一个下午的时间去亲自采购，这是最浪费时间的事情。

7.掌握购物的诀窍

聪明的购物方式可以为你节省很多时间。购物也是一门技术，需要主妇们多加研究。了解商品的价值、利用特价促销大批购买都是有效的购物方式。

8.尽量避免被打扰

你可以学着暂时不去理会突如其来的电话或是门铃声，很快，你的朋友们之后就会知道，你不方便在某个固定的时间范围内接电话。你还会因为讲究效率而被他们尊敬。

在《如何利用一天中的二十四小时》一书中，亚尔诺德·贝尼特写道：

"每一天都是上帝赐予的奇迹……奇迹就发生在你早晨一睁开眼的时候，你的生命中已经拥有了还没有使用的二十四小时！这二十四小时就是你的财富。我们要充分利用这二十四小时来生活，而不是'生存'或是'混日子'。在我们的一生当中，可能都说过'如果我的时间再充足一些，我一定能够做得更好'这样的话。我们无法得到更多的时间，但是我们却拥有了已经存在的二十四小时。事实上，我们只是学会了如何更好地运用时间。"

第六篇

为他解决后顾之忧

　　男人把事业看得非常重要，为了帮助丈夫实现他的梦想，作为太太要尽自己的能力，为丈夫营造一个温馨的家，推动他的事业向前发展。

　　妻子也要从一些细小的方面去帮助丈夫，比如帮助丈夫理财，合理使用他辛苦赚来的钱；让丈夫保持强健的体魄，关注他的身体，以解除丈夫的后顾之忧。

成为家庭理财高手

　　每个人对金钱的态度都不同，我们在书本中以及戏院里都可以看到各种各样被放大了的金钱观念，那些视金钱如粪土的乐天派们带给我们一系列的笑料。在舞台上，当大卫·科波菲尔德想让自己的新婚妻子朵拉，按照丈夫的收入来计划他们的花销时，这位美貌的妻子噘起了小嘴以示不满，可爱动人的模样让人不忍责备她。

　　在另外一本名著《与父亲一起生活》中，有一段是这样描写母亲的：母亲把家庭每个月的预算搞得一团糟，父亲总是对她表现出良好的气度，这真是令人敬佩。而英国文学家狄更斯的《大卫·科波菲尔》里，那个麦考伯先生浪费成性，也是文学史上一个十分讨人喜欢的角色。

　　为什么说小说中或是舞台上的人物都是迷人且不负责任的呢？因为小说中的人物从来不需要忧虑有没有金钱，不管是行侠仗义的英雄，还是四处滋事的土匪流氓，角色本身都没有必要为金钱发愁。但是，在残酷的现实生活中，最严重的后果就是财务上的失误。

　　在现实生活中，不合理的财务计划并不让人觉得可笑。人们总是为不合理的开销或入不敷出感到苦闷和慌张。生活中，朵拉因为不会做开销计划，所以她不再迷人，别人会认为大卫娶这么危险的妻子进门是一个没有头脑的举动。迷人的妻子是不会爱慕虚荣的，她们早已成为丈夫所要承担的一个重负。这个时候，先生们无法表现出良好的气度，他们不会像麦考伯那样奢靡成性。

细心的太太们会发现，现在一美元所能够买的东西比起十年前或者是五年前，简直是少得可怜。物价变贵了，孩子的教育经费也愈加高昂，主妇们面对着一项挑战，丈夫的收入必须由她们非常仔细地分配，全家的生活才不至于陷入困境。

当然，有人会天真地认为，只要收入增加了，就能够解决问题了，那样就不存在任何烦恼，这种天真的想法是错误的。经济学家早已证明，现实情况并不容乐观。曾经担任吉姆贝尔和华纳莫克百货公司财务顾问的埃尔森·斯泰普莱敦这样说："对于大部分人来说，收入的增加也意味着开销的增加，它们是成正比的。"

加拿大的蒙特利尔银行也告诫说：精明的理财手段是人们必须掌握的。也许当下人们还没有这样的需要，但是在未来的某一天，就能有机会处理一大笔收入，明天中大奖这种事情谁都说不准。

在我为编写此书而收集资料的时候，无意间看到一本非同寻常的论述家庭关系的好书，是一位知名的心理学专家的著作。他在书中的大部分观点我非常赞同，尤其是他十分独到精辟的见解。但是，他好像有一个缺点非常糟糕：对于家庭预算根本一窍不通，不善于理财。"处理家庭收入的问题十分简单，钱多的时候就多花一点，钱少的时候就少花一点。"他在讨论家庭收入的时候这样写道。

尽管他在这本书中提出的许多观点非常有价值，但是我还是不敢认同他在家庭收入方面提出的见解，并且认为他的理论十分不可取。虽然他对待金钱的态度像小说中的大部分角色那样洒脱达观，但这并不现实。我想如果你是一位冷静的太太，就会晓得处理金钱远不是像他讲的那样轻松，在这方面是草率不得的。

这位心理学家在抱着一种毫无计划的、散漫的态度处理金钱方面的事情。你的开销毫无计划，则意味着你们的金钱会被所有的人分享，这些人包括小商贩、面包商以及烛台制作商，一大群人要分享你丈夫以及你的收入，完全是由于你的不善管理所造成了这些人的不劳而获。

为自己的收入制订一个好的开销预算是每个人都要做的事，这样做能够保证你们的收入可以公平地分配给你的家人。

做预算的行为并不是小气，预算更不是约束自己及家人的生活，当然做预算也没有必要事无巨细，写清楚每一分钱的去向。预算只是作为一张经过仔细审视过的计划蓝图，用来更加合理地分配家庭收入，以便最大程度地发挥你手中金钱的作用。

正确的预算，会帮助你达成家庭目标，有助于家庭中每一个成员去实现自己的梦想，并协调相互间的利益关系。在经过预算之后，你的口红、丈夫的西装、孩子的教育费用、你们的暑期旅行等等费用都有了着落，每一个家庭成员都能得到他们想要的。

经过合理规划的预算，会让你把那些暂时不必要的，或是不重要的花销删减掉，让你明白如何去填补那些需要的开销。

一个好妻子必须要做的事情，就是要让丈夫的每一分收入都用在正确的地方。如果你仍然是一位没有学会如何做预算的太太，那么你就应该抓紧学习了。如果你的丈夫只知道赚钱而不懂得如何节省花销，那你必须帮他管好钱包。如果你的丈夫不单会赚钱，而且还懂得如何理财，即使那样，你也不能只是去商场悠闲地挑选护肤品，也要适时参与丈夫的理财，并赞赏他的观念，增强他的理财信心。

骄傲的主妇都具备一定的理财才能，那么如何才能掌握理财的才能呢？现在告诉你一个极其简单的方法：在你家附近的银行肯定都能找到这方面的咨询服务，这方面的专业人士也许会把一个不错的理财建议提供给你。有这样免费的专业服务，太太为何不放弃一次逛街的机会而前去进行一次咨询呢?

在一些杂志上也能看到这方面的内容,在《妇女时代》杂志上,也能看到很多关于家庭理财方面的知识。比如,如何处理旧衣服,怎样烹饪价格低廉却有营养的食物,甚至还有教你如何添置家具等许多内容,都可以在这本杂志上学到。

你的家庭预算就如同你一样都是独一无二的,你不可能照搬或是抄袭他人的预算。只有亲自去制订一份适用于自己家庭实际情况的计划书,你的预算计划才会更有价值。

只有认真参考以下这几条建议,才能让你有希望成为家庭理财高手。

1.了解家庭中的每一项开支

如果你都不知道自己的收入都花在什么地方,那么就很难做好你的预算。家庭理财,首先必须知道省钱的地方在哪里。所以,你必须记录一段时间所有的开销,当然不能是短短的几天就停止,这段时间至少要十周以上。

我和亚尔诺德·白尼特以及约翰·D·洛克菲勒都擅长记账。虽然我的消费通常是以支票的方式进行的,但是我仍会清清楚楚地记录下自己一天的花费。年终的时候,我会统计所有的花费。因此,我可以清楚地跟大家说明,我们在这一年中的食物方面的花费,我们车子的燃料费以及我们的水电费、娱乐费用等等。另外,利用这些记录,我还可以观察家中收入的增减状况。一般说来,如果了解了自己的收入都用在了什么地方,就不必再做这些记录了。从我个人的角度上讲,做记录是我比较喜欢的一件事情,拥有了这些资料,当我怀疑自己在某些方面超支的时候,比如买衣服,只需要查看一下记录我就知道到底超支了多少。

有一位太太在做了记账工作后,发现她们每个月居然要花七十多美元买酒。然而，他们夫妇并不酗酒，可见他们是在宴请朋友上花掉了这些钱。原来这是一对热情好客的夫妻，经常会请朋友们到家中聚会，花费酒钱当然是免不了的。很快，他们便决定让他们家的"免费酒吧"摘牌停业，于是，那些钱就有了更好的去处。

2.制订家庭开支预算计划书

首先，你要做的就是，把家中一年的固定花销列出来，包括房租、食物预算、保险金、教育费用等。接着，把其他的必要开支列出来，比如买衣服的钱、交通费、医药费、交际费等。每个家庭的实际情况都不相同，因此，你必须认真考虑，避免遗漏，同时应尽量准确估算各项费用。做这件事情的过程可能非常烦琐，因此主妇们需要具备极大的耐心。

拟好计划之后，就应该把它当作一份日后消费的决心书，要想收到效果，就必须认真地执行它，在执行的过程中也需要每一个家庭成员的配合。你可能暂时无法购买所有自己需要的东西，但是你一定要为购买这些东西做出相应的规划，什么东西是最急需的，什么东西可以暂时不购买。你是否愿意放弃购买一件昂贵的礼服而去换取一套沙发，而更加舒适地布置你们的家呢？你是否会为一台电视机而放弃购买一些服饰呢？这些需要显然你以及所有家庭成员的配合与协调。

3.把家庭年收入的百分之十储存起来

理财专家们的建议是，各位太太们最好把丈夫收入的百分之十积蓄起来，或者拿来用于投资一些风险比较小的项目。虽然我们无法阻挡物价上涨的趋势，但是，这样坚持几年，你们的生活空间就会变得宽裕一些了。

储蓄这项工作必须要坚持做下去，习惯于奢侈的人做起来可能会比较困难，但是，为了你们的家庭能有更好的生活条件，或是应对意外的危机的能力，你必须得放下面子。比如需要买房子、买汽车等等，这种情况下，你还要为这些项目想办法预留下一笔额外的资金。所以，储蓄或是投资都是较好的理财选项。

有位既保守又顽固的老式英格兰人丈夫，这位先生哪怕是穷到在中央车站广场脱光衣服的地步，也不愿意放弃每月储蓄收入的百分之十的计划。

他的太太说："经济萧条的那几年，因为丈夫的收入骤减，我们全家人的生活陷入困境之中，但是丈夫没有放弃储蓄计划，我必须想尽办法节省每一分钱，否则我们就没有办法购买日用品。我的先生为了省钱，每天都会放弃坐车，而步行走二十几条街道去上班。"

一直以来，他们从没有间断执行储蓄计划，在他们急需用钱的时候，这位太太也会抱怨，她后悔将钱存进了银行。但是，如今这位太太却很感激丈夫能够坚持执行这一计划，因为他们已经尝到了这部分储蓄带来的甜头，到中年的时候，他们已经拥有了自己的住房以及舒适的生活。

大部分的理财专家都会建议客户，要把一到三个月的家庭收入先储存起来，然后再做其他计划，这部分储备资金是为应对意外事件而准备的。

同时，专家们就储蓄的话题也给出了一条建议，他们认为很多家庭总是因为有许多意外的开销而无法储蓄，这样的话，要想存下太多的钱就很困难。与其断断续续、隔几周才能存上十几美元，不如每周固定地存上两美元效果会更好。

4.动员家中的每一个成员都参与进来

理财专家认为：要想完成一份完美的家庭预算，必须有整个家庭的共同参与及配合。因此，为了达到家庭意志的统一，主妇们不妨经常性地组织一些家庭会议，专门讨论执行预算的各种事项。因为每个人都有自己的需求，他们对金钱也抱着不同的态度。受教育的程度，个人气质以及经验，都会让成员们在家庭预算方面提出自己独特的见解。大家坐下来一起研究这件事情，既保证了家庭的和谐气氛，又能够均衡需要，使预算达到尽善尽美。

5.掌握人寿保险的知识

人寿保险协会主任玛里昂·史蒂芬思·艾巴莉女士讲的话，也可以被当作人寿保险专家提出的权威性的见解。在我向这位女士进行咨询的时候，她坦率地跟我说，作为妻子，一些问题必须要提前考虑到。我将她所说的问题归纳如下：

你是否知道所参与的人寿保险能够给你带来福利和服务？你是否知道一次性付款和分期付款的不同之处？你是否知道现代的人寿保险具有双重目的？假如一个男人早逝，那么人寿保险将会保护整个家庭的利益，如果他可以活着享受天年，那么为了让他安然度过晚年，人寿保险就要给他提供独立的资金支持。

只有你的丈夫了解这些问题远远不够，主妇们必须了解这些问题，而且还要了解这些问题的答案。也许有一天，你和你的家庭突然遭遇不幸，你可能会成为寡妇而失去丈夫，在我表达哀思的同时，我也希望你的家庭能够安然度过这段不幸的时期。而掌握了这些关于人寿保险的知识，会有助于你排除困难和忧患。不妨事先认真了解一下《人寿保险须知》这本小册子，它可以帮助你解答你对预算中关于人寿保险这方面的困惑。

《如何建立美满婚姻》是加德森和玛丽·南狄斯合作完成的著作，他们在书中讲到家庭收入时说，在婚姻生活中，必须要调节花费，使它与家庭收入相适应。

如果我们能合理聪明地处理金钱问题，那么我们的丈夫就会轻松许多，也能为我们的家庭带来更多的宁静和幸福。

　　上帝不允许不劳而获，不要幻想丈夫每个月能获得两个月的薪水，不要浪费你的时间去做这样的美梦，那只会加速你青春的流逝。努力成为一名理财高手，是我们唯一能够做到的事，当然这并不是要你每天做投资或买卖，或是经营股票。而是要做好家庭理财，为丈夫解除后顾之忧，处理和规划好丈夫辛辛苦苦赚回来的每一分钱。

做丈夫的养生保健师

你想知道一个丈夫是怎样被妻子谋杀，而且不留一丝痕迹的吗？其实，方法再简单不过了，她只要不断地给丈夫吃一些带馅的、油腻的、且富含淀粉的食物就足够了，这样，他的体重就可以轻松超标百分之十五到二十。然后你就可以成为一个迷人的寡妇了，并且用不了多久就能达成这一愿望。

有一份可靠的研究报告指出，男士在五十多岁最容易死亡，这个年龄段的男人死亡的概率比同年龄的女士要高出接近一倍。更有专家指出，男人的这种高死亡概率，相当一大部分原因出在妻子们身上。

路易斯·艾·杜布林博士写过一篇名为《停止谋杀你的丈夫》的文章，它发表在《人生生活》杂志上，这位博士在文章中指出："三十多年来，我一直在一家人寿保险公司任职，我做的工作是统计，在多年的工作中，我发现许多男士还没到保险的年限就离世了。我不得不说，如果他们能够得到妻子的细心照料，也许这些男士就不会这么早去世。甚至有的人可以拿到保险公司给他们颐养天年的资金。"

这位博士之所以得出这样的结论，是因为他曾经对超重和死亡率之间的关系进行过研究，在这方面，他是全国少数几个权威性人物之一。

说到这个问题，我们就不得不提到纽约市西奈山医院新陈代谢疾病科的医师赫尔波特·波拉克，他有一篇名为《丈夫们为什么死得早》的文章发表在《现代妇女》杂志上，波拉克医生说道："你肯定想照顾好丈夫的身体，并且还想延长他的寿命，其实你现在已经掌握了这种能力。不幸的是，你的丈夫在你的精心照料下已经超重，与之相反，男士在饥饿状态下无疑要幸运得多，因为他们的寿命通常会长于超重的男士。"《减肥与保持身材》的作者诺曼·乔利非博士在俄亥俄州克利夫兰召开的一次医学大会上，称"美国公共卫生中一个最大的问题"是肥胖。

在美国圣路易召开的一次科学促进协会的会议上，有位来自克莱顿大学的医生说："尽管许多悲剧是战争给我们带来的，但是死于枪炮下的白人没有死于餐桌上的白人多。"

有这么多专业人士对超重与死亡的关系进行研究，而且他们得出的观点惊人的一致，虽然这种研究结果含有对所有的妻子指责的意味，但是我仍然认为他们的研究是有一定道理的。不可否认，太太们要承担丈夫们增加腰围的责任。诸位太太们摆在餐桌上的食物，便是男士们日常食用的东西，丈夫们的腰围的增长往往与太太们煮的饭菜可口度是成正比的，饭菜越是可口，丈夫的腰围增长得就越快。"这个女人诱惑了我，所以我只能选择吃下。"这个女人当然指的就是夏娃，还记得亚当的辩解吗？当妻子端出那些可口而松软的核桃饼和香甜的蛋糕时，丈夫们为了表示不让那么年轻的妻子感到失望和难过，或多或少都会吃一点。

按照常理，随着年龄的增长，一个人的运动量会越来越少，所需的食物量也会减少。但事实往往不是这样，对于某些男士们来说，他们的食量反而增大了。食量增大的男人就很容易超重。因此，一个重视丈夫身体健康的好妻子，应该注重调节丈夫的饮食，时刻关注丈夫的体重变化，培养丈夫良好的饮食习惯，尽量让他吃一些低热量、高能量的食物。如果你不是很了解食物的卡路里，可以向一些专业医师咨询。医生们会十分明确地告诉你，如何安排饮食才能使丈夫既保持体力，又能避免体重超标。

面粉协会的营养学专家F.由吉尼亚·怀特海德博士提出，减肥最好的方法是，不吃油脂太多的食物，并参考体力消耗的情况适当调整一日三餐的食谱。同时这位博士还提醒大家，一天所需的食物应该是富含动物性和植物性蛋白质的食物。

当你们用餐时，还必须注意一点，就是不要让丈夫在紧张的情绪中用餐，要为他营造良好的就餐环境。你应该提早把早餐准备好，并唤醒你的丈夫，让他坐在餐桌前悠闲地吃早餐，而不是起来之后，一手夹着公文包、一手拿着三明治，在去公司的路上吃早餐，大多数丈夫们早晨起来后，都有过百米冲刺这样可悲的情况。巴尔的摩精神学院的神经科主任说："狼吞虎咽地吃早餐，冲出门去追赶早上那趟公车，然后持续工作到中午，再简简单单吃一份快餐，或者是一边开会一边吃着午餐。对于现代人来说，这种事情简直习以为常了。"这位主任建议，妻子们应该把早餐提前准备好，让丈夫至少要不慌不忙地吃完早餐。

克拉克·布里森夫人就是按照这位主任的要求做的，效果也非常令她满意。她的丈夫布里森先生，在纽约彼斯和艾利曼房地产公司担任财务总监和副总经理一职，每天工作都很繁忙，而且回到家也要继续工作。但是，白天已经很疲倦的布里森先生，晚上工作时根本无法集中精力。这时候，布里森夫人就会劝丈夫晚上提前一个小时上床休息，然后早上早起一个小时继续工作。即使有的时候在第二天布里森先生并不需要处理文件，但是他们每天都坚持这样做，这对夫妇觉得这样的安排是比较合理的。

布里森太太说："我们很享受每天早晨早起的那一段时光，我们先是共同不慌不忙地吃一顿早餐，感觉不到任何匆忙或者慌张，然后我先生再去处理昨天晚上没有完成的工作。在这段时间里，没有电话声或者门铃声打扰他,他有空闲时间看看书、放松一下心情,或者做一些家务事,要不就干脆画画。我们偶尔也会去公园里享受一下清晨的空气。

"由于早起了一个小时,我们每天都能十分安宁和舒适地度过早晨的时光。我和先生都认为,不管有什么事情在这一天发生,我们都可以很好地来处理。对于那些睡得晚又起床晚的人,或者每天早上不得不进行百米冲刺的人来说,这个办法当然是行不通的。"

如果你的先生也像布里森先生那样,每天需要工作到很晚,那么就不妨尝试一下布里森夫妇的方法,也许早起一小时,收到的效果是你意想不到的。你不但不会感到紧张,你的身材可能还会因此变得健康又标准。

如果你还是无法感到快乐,不妨考虑一下下面的建议:

1.保证丈夫的体重不超标

一般情况下,保险公司都会提供这种服务。如果丈夫的体重超标了,那么你就要请医生立即开出一张具有针对性的饮食表,重点调整丈夫当下的体重。

要知道,丈夫的体重和你自己的体重一样重要,请把对身材的注意力,更多地投入到丈夫的身上。但是,妻子控制丈夫的体型一定要有针对性,而不是像有些人那样,不讲究科学胡乱减肥,更不要听信广告随便服用那些热销的减肥产品,不管那些广告做得多么诱人!另外,你一定要去征询医生的意见,然后再制订你的减肥计划,并且在操作过程中听从医生的指导。有时候医生会给你一个不错的食谱,为了发挥这份食谱的效力,你也应该尽力把菜做得可口一些。

你应当知道预防大于治疗的道理,所以,关注丈夫的身体健康,每年还应该陪丈夫进行内科、牙科以及眼科等方面的健康检查。如果能够及早发现心脏病、糖尿病、癌症这些疾病,无疑能够极大增加治愈的成功率。来自美国糖尿病协会的一份报告指出，全国至少有三百多万糖尿病患者，不幸的是，其中将近一半的人还不知道自己患有这种疾病。

现在，人们越来越重视自身之外的事物，他们可以精心保养自己的汽车，让它一尘不染，却没有耐心到院做一次全身检查。如此不善待和重视自己的身体，真是可悲又令人遗憾的事。因此，一名优秀的妻子，一定要承担起照看好丈夫的身体的责任。

尽管事业心是男人成功的一大标志，但是，还要提醒不要让丈夫过于操劳，最容易让他们迈向死亡深渊的是过度的操劳，那样他将无法享受人生中其他美妙的事情。假如丈夫的无尽压力是由升职带来的，以至于威胁到了丈夫的健康，那么选择放弃也未尝不可。

"在美国，现在越来越紧张的生活快要让人们失去喘息的时间，他们在晚上很难安然熟睡。可以说，在历史上，这一代的美国人是神经质的一代。"

一个并不好的趋势是，时代带来的压力越来越大。有时候，妻子的想法能够影响丈夫对自身的要求，丈夫在制订自己的发展计划和目标时，一般会考虑妻子的期望。如果必须以早死作为代价去赚大钱，妻子当然要制止丈夫这种可怕的自杀式行为。假如丈夫的野心太大，妻子不妨适当地劝说丈夫，让他学会知足常乐，懂得享受更加美好的生活。

2.保证适当且良好的休息

抵抗疲劳、保持体力的最佳方式是进行充足的休息。在行军过程中，军队每行进一个小时，将领们都会命令队伍停下，就地休息十分钟。之所以这样做，正是基于这个道理。

假如你的丈夫每天能够做到午餐之后适当午睡；晚餐后，出去散一会儿步，这样的生活方式，会让他的寿命延长几年。短暂放松休息能够为他的健康带来意想不到的效果，任何加薪升职都不能与这种美好效果相提并论。

作家的生活都很不规律，经常熬夜写作，因此作家的寿命都相对较短，但是小说家索默西·莫姆先生却不是这样，七十多岁的他依然精力充沛。丘吉尔首相在午餐后总要用一两个小时来休息；八十岁高龄的朱力安·戴特蒙依然在纽约塔里顿的一家苗圃里活跃着，这与他每天都要睡一个长长的午觉有关。而戴特蒙先生也说："我的生活之所以能像小提琴曲一样和谐，得益于午睡。"

3.保证快乐的家庭生活

丈夫的身体状况与一个家庭的氛围有直接关系，如果妻子在家里不断唠叨，不仅会阻碍丈夫事业的发展，而且还会威胁他的身体健康。受太太唠叨的影响，丈夫的情绪往往会很低落，无法在工作中集中精力，从而会变得郁郁寡欢，或者变得异常暴躁。

当他内心的压抑积蓄到一定程度的时候，一点小事就可以让他的情绪完全失控。无法专注的他也很可能会意外遇到车祸，或许在路上和别人发生争吵，以及和同事们起摩擦。如果他从事的是体力劳动，他还有可能通过暴饮暴食来宣泄苦恼。"当你急切地盼望自己能从紧张的情绪里解脱出来时，大吃一顿是通常的做法。"

每一位妻子都有责任关注丈夫的身体状况。人生的意义和目的，就是要享受生活，当然婚姻也是这样。为了让我们的婚姻生活更加美满，有必要保持夫妻双方健康的体魄。从携手走进婚姻殿堂的那一刻起，你们的主题曲就已经换成了"我的身体你来负责"。

不要做一个"爱哭的孩子"

我常常听到一些男士抱怨，说自己的妻子不愿意离开她们熟悉的环境，她们总是想把自己束缚在固定的地方生活和工作，因此妻子们往往不愿意男人们在事业上发生变动。费城大西洋精炼公司总经理佛恩·L·艾略特为这样的妻子起了个绰号，叫做"爱哭的孩子"。"爱哭的孩子"被这位已婚，且事业有成的男士看成是男人成就事业的绊脚石。

一位经理曾和我说，他们公司里有位年轻有为的职员，公司为他安排了一次调往外地的分公司的晋升机会。结果这次晋升的机会却被这位职员放弃了，这完全是因为他年轻的妻子不愿意离开她生活了多年的城市、父母、朋友，以及她美丽的客厅。

其实我们也能够谅解这些"爱哭的孩子"的心情，毕竟长久地生活在一个熟悉的环境里，再让她搬到另外一个陌生的环境中，肯定会有一定的困难，必须具备良好的婚姻根基才能进行这样的搬家。在二战期间，人们居无定所，许多年轻的妻子无法适应这种动荡的生活——她们必须不断地从一个军营迁往另一个军营。因为她们缺乏在这种环境中维持婚姻的能力，因此在二战中，很多对夫妇的婚姻关系都早早地结束了。

如果女士们的适应能力很强，那这样的搬迁对她们来说，就不是什么问题了，在新的环境中，她们有能力妥善安排好自己以及家庭成员的生活。有很多优秀的妻子在这方面的做法都是值得称赞的，弗吉尼亚州的诺福克市的累伦德·克西纳太太做得就非常出色。克西纳太太曾经写道："我的丈夫两年前应征到海军服役，因此我不得不舍弃刚刚布置好的温馨而舒适的家，跟随丈夫四处奔走，而且还要带着我们的小儿子，这样的事情简直让我难以承受。我觉得我们接下来的生活将会过得十分糟糕，不会有什么乐趣可言。当我们迁徙到丈夫的第一个驻地，我对未来感到更加茫然了。"在这里，我仿佛看见了一个小孩眼含泪珠的模样。

接下来克西纳太太写道："但是，现在的我会为当初孩子气的想法而感到脸红，那时候我太过娇生惯养，现在我们已经搬了好几次家了。如今我的先生已经退役，我们又开始享受一直期望的长期安定的生活，当然，我们会怀着激动的心情享受这种生活。可是说真的，在我即将告别那种不断迁居的生活方式时，我的心中反倒有一些留恋呢。

"在过去的两年中，我们的生活并没有像当初预想的那样糟糕，反而让我感到很快乐，因为在那段日子里，我接触到了不同类型的人，学会了忍耐和克制。我懂得了尊重那些与我想法不一致的人。当我得不到期盼的东西时，我就要学会放手，并且忽视它们。这两年的经历，让我明白了一个深刻的道理，一个快乐的家庭并是由一大堆的器具和用品建立起来的。家的概念是家庭成员有意识地用爱心和谅解去赋予这些器具以及用品以温暖，这才是最主要的。"

如果你不得不去面临迁离熟悉的环境这种情况，如果你不想做一个"哭泣的孩子"，那么也许下面这些提醒以及建议会对你有所帮助：

1.不要期望新环境和旧环境一致

与人一样，不存在完全相同的环境。工作也是如此，你也不必为丈夫在新公司的地位没有原来高而灰心。因为在新的工作岗位上，他的发展机会往往更多一些。环境也是如此，你在新的环境中，也许你对一些事情还很陌生，但是，毋庸置疑的是，新的环境意味着新的机遇与活力。

2.尽快融入新环境中

为了适应新的环境，你要尽你所有能力，这时候既是考验你的勇气，又说不定还会为你带来一份意外的惊喜。

有一年夏天，在怀俄明州立大学授课时，因为时间匆忙，我们一时找不到适合居住的地方，所以不得不搬进专门为退伍军人结婚准备的房子里。说实话，那里的房子很简陋，我能察觉到桃乐丝对这幢房子没有一点兴趣。

但是，后来桃乐丝告诉我，在这幢房子中的经历，也是她一生中最为丰富多彩的经历。那幢房子非常容易打理，我们跟邻居的关系非常融洽。那些男人和他们的妻子的生活并不富裕，他们一起去上课，共同抚育自己的孩子，但是他们却能让自己的生活用品的效力发挥到极致。没过多久，桃乐丝就为了刚来时的想法感到内疚。

在那一年的夏天，我结交到了许多不错的人，这也使我明白了一个道理：生活只要过得去就可以了，人们的生活质量与成功和幸福并没有直接的联系。

3.多一些宽容和耐心

一位太太和她的丈夫一起移居到一个小工业城，他们搬迁的初衷是，这位男士希望获得一次期望已久的升职机会。但是，这位太太来到他们的新城市只待了不到一天的时间，就带着所有的东西气急败坏地回家了。她丈夫全部的薪水最多只够请一位女佣，因为无人照料自己的生活，他只能申请回到原来的工作地点。正是这位"爱哭的孩子"不愿意适应丈夫新的工作环境，从而迫使丈夫不得不把期待已久的升迁机会放弃了。

4.尽量把握住每一个新机会

假如你搬到了新的地方，就必须马上行动起来。你要努力去结交新邻居，到教堂去做礼拜，还要去参加附近的一个俱乐部，并且参与当地的各种民众组织。如果你和周围的人融洽地相处，那就说明你已经适应了新的环境。

与其浪费时间怀念过去的舒适环境，对新环境进行抱怨，还不如自己立刻设法做出改变，尽快融入新的环境中去。在个这世界上，从来就没有什么事情是十全十美的。

瓦森特先生是卡特尔石油公司的地球物理专家，工作的性质决定了他的工作地点不可能是固定的。因此，瓦森特夫妇几乎在世界的各地都生活过。他们和四个孩子曾经一起生活在世界上最荒凉的地方，但是，他们家中的每一个成员都没有因此抱怨过什么，而是过着舒服而快乐的生活。他们一家是我见过的最幸福的家庭了。

这位太太告诉我，心灵和精神的休憩之所就是家庭。每当我的先生又接到新的调职命令时，我就会马上收拾好行装，准备出发。只要你能够用心去体验，在这个世界上的任何角落，我们都能够学习、享受和成长。非常幸运的是，我们全家人共同认识到了这一点。

"当我们迁居到巴哈马群岛的时候，得知当地有一位著名的潜水冠军在教授潜水课。我想这对我们家的'美人鱼'苏西来说，是个再好不过的机会了，在这位专家的指导下，她可以发挥她的潜水特长了。她果然进步神速，并且还在一次比赛中得了大奖，如果我们当时没有来到这里，就无法遇到这样的好机会了。"

有一次，瓦森特太太听一位总经理提到，他们的公司需要选几名职员到外地服务，但是有个前提条件，那就是员工的太太必须要适应那里的生活。其实，要想适应新的环境，最好的方法就是，在那个陌生的环境里，不要一味地待在新家里，抱怨自己在原来的家中过得有多么惬意与舒心，而是要尽可能多地利用一切机会去获取新知识。

我们承认，男人都很重视自己的事业，作为妻子，要尽力而为帮助丈夫努力完成他的梦想，给他营造出一种温馨的家庭氛围。但是在一些细节方面，我们也要去帮助丈夫，做一个称职的理财能手，合理地使用丈夫辛辛苦苦赚到的每一分钱；为了让丈夫保持强健的体魄，关注丈夫的身体健康；解除掉丈夫的后顾之忧，做一名适应力极强的妻子。

第七篇

优秀妻子要身兼数职

　　人的一生中有很多角色需要由女人来扮演，一个优秀的妻子总是身兼数职。与她共同生活的这个男人，他一生的幸福都与妻子扮演的角色相关。作为全家人的导师，妻子教会家人真诚，鼓舞和督促家人进步，帮助家人改进自身；为了让丈夫随时能够受到欢迎，充分施展他的才华，使其成为璀璨的明星，妻子还要做丈夫的经纪人；为了让丈夫给别人留下完美的印象，妻子还要成为丈夫的宣传大使。

最好的家庭教师

婚姻生活或多或少会对一个人的性格和习惯产生影响。在婚姻中有的人学会了责任，有的人学到了宽容，在结婚后有的人性格明显变好了，变得比过去可爱了，这样的情况有许多。造成这种结果的原因，可能是因为他们和真心相爱的人生活在一起，相互之间会产生一些潜移默化的影响。

而一名优秀的妻子，能够在家庭中出色地扮演老师角色，对她的丈夫加以鼓励，给他最真诚的赞扬；帮助丈夫改正缺点，让丈夫在潜移默化中弥补不足；她从来不严苛地批评丈夫，她所有的指导都让丈夫觉得如沐春风。

我曾经不止一次地说起我小时候的故事。小时候，我是公认的非常顽皮的坏小孩。我9岁的时候父亲再婚，当时，他在继母面前是这样描述我的："亲爱的，你一定要注意这个世界上最坏的小孩，对他我实在是忍无可忍了！"

然而，继母走到我的面前，微笑着托起我的头，认真地看着我的眼睛，然后说道："亲爱的，不，我敢跟你打赌，世界上最坏的小孩绝对不是戴尔，相反，我相信他会是最具创造才华的孩子，只是他的热情还没有找到地方来发泄。"

你们一定可以想象到，继母的这番话对我产生的影响有多么大。我这个被父亲认为最坏的孩子，即使没有成为世界上最有创造才华的人，但我的未来还算是不错的，我想别人可能也这么认为吧。而这位继母更让我佩服不已，我认为她是非常称职的家庭教师。我们发现，婚姻不可能让每个人都达到完美状态，在婚姻中有的人可能会变得不思进取、好吃懒做，还有的人会形成一些不好的生活习惯。而一位家庭教师应该让丈夫养成良好的生活和工作习惯，并且帮助丈夫戒除不好的生活习惯。

在婚姻生活中，一个优秀的妻子应该时刻关注丈夫的某些习惯，并在必要的时候加以引导和规劝。虽然无法从本质改变丈夫的性格，但可以对他施加一定的影响，来改变他的一些行为。那么，要如何才能对他施加影响呢？

首先，你自己必须确定丈夫的某些习惯已经危及了你们的生活，并要尽力让他知道，他做出的适当的改变对大家都有益处。之所以要改变他的某些习惯，是因为这的确是个很糟糕的习惯，而不仅是因为他喜欢穿牛仔裤，而你却非要他穿西装打领带的问题。

这就是说，要确保你改变丈夫的想法是合乎情理的，在你的观点完全正确的情况下，以下几条原则可以作为你的参考：

1.做丈夫的榜样

如果你想让丈夫的心地变得友善一些，那么你就要友善待人、显示出你的耐心和爱心，你要让他知道你善待公婆和其他人，用这样的实际行动对他来施加影响；如果你想让丈夫有健康的身体，你就要注意他的饮食，督促他加强体育锻炼，让他保证充足的睡眠。让他意识到只有这样做，才可以有健康的身体。

2.不要轻易责备丈夫

如果你想要改变他，就不要对他说出"讨厌"之类的字眼。这样的责备会让丈夫产生对抗情绪，他会有意识地抵触你的做法，这不但不能达到改变他的目的，反而还会强化他的不良习惯。

3.方法和技巧永远必要

我们可以从政治上获得某些经验，一些国家为了避免遭受灾难的影响，经常会使用一些外交手段，或者使用一些战略上的措施。具体来说，就是让别人按着你的要求去做，或是使用一些小花招，做出对自己有利的事情，而我们也可以用这种手段来改变自己的丈夫。

你也许想通过事实来证明他的做法是错误的，因为用事实说话更具有说服力。你也许和他讲过道理了，但是，诸位朋友们，你们曾使用过这种办法，但是对丈夫没有产生一点作用。是不是这样呢？难道就这样束手无策了？难道就任由你丈夫的坏习惯继续滋生吗？

那么，到底怎样做才好呢？不一定要采用强硬的手段，或者通过不必要的口水战来改变他。

看看聪明的妻子都采用了什么方法吧。通常，她们会着重强调某方面的主题，用充满爱意、建议的口吻规劝他，直到最后取得成功。

聪明的妻子这么说："亲爱的，看啊，你的腿和牙齿是多么的完美，真是让我羡慕。但是如果你的体重能够再减轻一些，我敢说没有谁会比你更完美了，我的丈夫没有人可以超越，就连那些明星们也没法比。"

此外，还可以这样说："我母亲常常对我说，我最幸运的一件事就是嫁给了你，她非常喜欢你的为人，不过，你隔半年去看望她一次就可以了，用不着经常去。你在她那里能待到星期五上午，而不是星期四晚上回来那就更好了，因为那天是她的生日，我们可以带她出去吃饭，我敢保证，母亲一定会为此感到高兴。"

当然，如果妻子不掌握说话技巧，她可能就会说得这样直白："你对我母亲一直不好，一年都难得去看她一次，你总是这么自私，只会考虑到自己，要知道她可是我的母亲！"这两种说法对比一下，你说哪一种方法会更有效果呢？

第七篇
优秀妻子要身兼数职

当你的丈夫劳累了一天，拖着疲累的身体回到家时，他多么希望在门口等待他的是一位天使，还能倒上一杯清爽的柠檬汁给他。当这样一位天使面对着他时，他还能有什么不满意的吗？当然妻子这样做的目的并不是想当天使，也许她只是为了使自己免遭责备而已。

但是，为什么不这样说呢？试想一下，当你的丈夫回家时，拖着疲惫不堪的身体，还要面对你喋喋不休的责备，他怎么可能没有火气而不与你开战？

记住，这是一个非常有效的办法。

看到这里，你一定会无法理解，或是对此不以为然。可能你会觉得，现在是男女平等的新时代，为什么还要我忍让别人？我只能告诉大家，时代尽管不同了，但是有些事情并没有发生根本的改变，如果丈夫指责抱怨你，作为妻子一定要坚持自己的原则，不然丈夫更会产生厌恶情绪。和你生活在一起的男性无论是哪一位，你都要掌握操控他的技巧和原则。

优秀的经纪人

　　称自己是"骗术大王"的著名表演者P.T.巴南，为了迷惑人们的双眼，总是会有一些奇思妙想的做法。有一次，他向人们宣称，自己有一匹非常奇特的马，世上独一无二，因为这匹马的头和尾巴是颠倒过来的。被他吊起胃口的人们纷纷前来，想看看这匹马到底是什么样子，而巴南便趁机向好奇的人们出售门票，人们要想看到这匹神奇的马是需要花钱的。

　　其实，这匹马的独一无二之处，只不过是这位"骗术大王"在马的屁股后面绑了个马槽，让马倒退着走进马厩，人们看后只能大呼上当。还有一次，巴南宣称自己有一只"樱桃色的猫咪"，好奇的人们看过这只"樱桃色的猫咪"后发现，那只黑猫再普通不过了。"樱桃也有黑色的。"巴南却这样解释说，就这样他又把人们忽悠了一次。

　　已故的福朗兹·齐格先生是高超的艺人，他具有更为高明的骗术。他的骗术不用怪物做噱头。有一次，他宣称自己有办法让任何女孩都变得美丽无比，如果那些身材苗条、气质出众的女孩用上他的装备，立刻便能够变得风情万种，所有的男士都会为之倾倒。其实，在每次演出的夜晚，他只是把一个花篮送给即将上台表演的女士，这花篮就是他的神奇"装备"，然而这样的秘密武器却让每一个即将表演的女郎都兴奋不已，感觉自己受到了美女一样的待遇，她们脸上的光辉因此而变得迷人，表演起来也更加生动了。

在这里，我引述这两则故事的目的，并不是只想给大家带来笑料，而是希望太太们能从中获得启发。如果一个艺人可以让马和猫成为人们欢迎的对象，能让一个平凡的女孩变成维纳斯式的女神，那么诸位太太们完全可以用她们的手段，让自己也成为丈夫最优秀的经纪人，优秀的妻子有责任把丈夫变成最受欢迎的人。

有的妻子可能说，并不清楚丈夫业务上的事情，所以无法在事业上给予丈夫帮助。的确如此，有些事情妻子是没法帮忙的。但是，有一点毋庸置疑，她所发挥的社交作用却是独特的。只要妻子在这方面付出了一定的努力，便会让她的丈夫更受欢迎。一个受到大家欢迎的人，他的发展机会就会更多一些。想想看，在一场舞会中，你可能会认识有价值的合伙人，因为一场同学聚会，你可能会谈成一笔业务。

很多人都不愿意和陌生人打交道，把自己限定在几个固定的朋友圈中，这是典型的社交恐惧症。无论是一个卖贝壳的商人，还是卖鞋带的杂货铺老板，抑或保险推销员、出行采访的记者、飞机驾驶员以及大公司的经理，无论处于什么身份，都能够因此受到人们的关注，如果受到大家的欢迎，他的事业必定会因此受益。

假如你的丈夫不擅长交际，那么他就需要有一位经纪人，在社交方面给他些帮助。妻子完全可以来扮演这样的角色。下面提供三种方法，能够让太太们成为优秀的经纪人，从而帮助丈夫结交到更多有用的朋友：

1.让丈夫受众人欢迎

在多年前的一个晚上，我和桃乐丝一起去探访当时的著名歌星吉力·奥特尼，他当时正处于事业上的高峰期。在艾逊广场花园，那天他正举办个人演唱会，台下有成千上万的歌迷。他的妻子依娜当时也在现场。在吉力·奥特尼中场休息的时候，我们邀请他一起去吃晚餐。

当我们走到出口时，一群年轻的小伙子发现了我们，他们围过来向这位大歌星索要签名。因为中场休息的时间非常短暂，而这样一大群人围住要签名，肯定会占用我们大部分的时间。我当时焦急地看了一眼依娜，担心这位妻子会因为耽搁时间而发脾气。这位太太看出了我的心思，便笑着对我说："吉力是个从来不对别人说'不'的人，尤其不会拒绝像他们这样年轻的小伙子。"

奥特尼夫人的这句话看似轻松，却远远胜过那些歌迷杂志和图书上对吉力的介绍，也让歌迷们更加了解这位歌星的个性。这句话说明了大歌星吉力先生的热心肠以及和善的态度。

当然我们知道，和善本来就是吉力先生的个性，这一点无疑被依娜的话肯定了，这让她的丈夫更加受欢迎。如果一些男士的性格不怎么好，别人是否会喜欢他们呢？我可以肯定地回答：没问题，只要他们能得到妻子的帮助。

我曾认识一位脾气很暴躁的男士，他态度特别傲慢，时常与人发生争执，有他在场的时候，大家都不喜欢说话，没有人愿意与他交谈，从这方面就可以看出，在社交场合，这位先生不受人们欢迎。然而，他非常幸运，娶到的妻子非常优秀。这位妻子的和善是尽人皆知的，与这位优雅的夫人交往大家都感到非常愉快。

当这位太太向大家讲述了那位不受欢迎的丈夫的悲惨童年后，大家对这位先生的脾气为何如此暴躁表示了理解。人们不再厌恶他，反而开始同情他。这位从小就是孤儿的男士没有得到良好的家庭照顾，亲戚们总是将他推来推去，对他的态度也不好，他从小到大受尽了人们的白眼和蔑视。当人们得知这些情况后，都表现出了对他的宽容和谅解。尽管这位太太无法改变丈夫的个性，也不能使他受到大家的欢迎，但是她可以让大家开始包容并理解他了，并以宽容的心态来接纳他。这种进步难道不是很大的吗？

"从他的妻子注视他的神态中，人们就能看出，这个男人并不是一个十恶不赦的大坏蛋。"这样的话也曾让众多公司的主管脱离社交危机。一个想要达到一定成就的男士，身边一定要有这样一位有才华的经纪人。这位先生在经纪人的斡旋下，让自己看上去更有人性，从而人们更加愿意与他结识。

2.帮助丈夫展示出才华

有些女人的举动总是显得比较愚蠢，她们认为，要让丈夫得到别人的关注，自己只需穿上一件貂皮大衣就可以了。当然，所有人可能会注目你的貂皮大衣，但是上帝不会允诺、满足你所有的愿望。女士们，炫耀丈夫并不等于炫耀自己。聪明的女人知道还有更好的方法。

有一位年轻的淑女，曾经向我讨教，如何把一则小故事讲得生动有趣。原来，这位女士想加深丈夫在朋友中的印象，所以她要利用这个方法。我当时建议她，最好让她的先生亲自去讲述那些有趣的故事，这样才更加有效。很多女士都有这样的想法，她们想方设法让自己的故事更加幽默，她们的确也这样做了，并且成功地引起了全场的注目，然而她们的丈夫就没有这样好的运气了，此刻某个角落里的这些先生可能正在无聊地玩着自己的手指头。

要想别人关注自己的丈夫，最好办法就是，在自己的家中举办宴会。如果想让他人注意到丈夫的一些特殊才能，那么一定要创造一些小机会，让丈夫能够把这种才华施展出来。因为在公司中，每个人的工作压力都很大，即使他有出众的才华，也很少有机会展现。宴会这个完美舞台能让他的这种才华得以施展，我知道这方面的成功例子有很多。

居住在加利福尼亚州的格连在尔城的卡梅隆·西普，聪明而又不失亲切。他是一位专门为一些舞台演员、影视明星们写传记的作家。很喜欢结交朋友的卡梅隆先生机智而随和，热情好客，他身上表现出的这些优点都要归功于他的妻子凯瑟琳，她经常在自家的院子里设宴招待卡梅隆先生的朋友们。用木炭烧烤牛排是卡梅隆最擅长的，卡梅隆先生娴熟的烹饪技艺，不仅让前来做客的朋友们能够品尝到美味的牛排，在宴会上，他还能说一些有趣的故事，逗来宾开心。

纽约的约瑟夫·弗莱思先生是一位业余的魔术师，他的本职工作是一位优秀的小儿科医生，人们到约瑟夫家做客，约瑟夫经常会为客人们做一些即兴魔术表演。担任魔术师的是约瑟夫，而他的助手则由妻子玛丽琳担任，有时候上台帮忙的还有他们两个可爱的儿子。

这些男士在社交场上之所以能够魅力四射，首先就要感谢他们的妻子，因为在盛大的社交场合中，这些善解人意的太太们愿意隐藏自己，在主角的位置上表演的则是她们的丈夫，她们自己却甘当配角。太太让自己的丈夫闪耀光芒，这要比同时表现出两个人各自的优点，更能表现出家庭的美满和谐。

3.使丈夫的优点得以体现

有的男士在事业上非常成功，而到了社交场合，往往会变得少言寡语。这样的男人，可能属于天生的实干派，不大善于侃侃而谈。但是，这些男人中，期望能够在社交场合表现得风度翩翩的也大有人在，只是他感到自己没有和其他人打成一片的天赋，他想那样做，但不知道应该从哪方面入手。

假如你的丈夫内心渴望这样做，那么作为他经纪人的你，要学会适时出场。在引导丈夫参与谈话的时候，妻子表现得要自然一些，让丈夫能够更加轻松地融入谈话当中。比如，妻子完全可以这样说："吉姆，这让我想起上个星期你和一位客户谈论的事情，你还记得吗,当时他和你说了什么?"这种问话方式很好,这能让吉姆从容地参与到谈话中来。而且就算吉姆是世界上最害羞的人,在他谈到自己最为熟悉或是感兴趣的话题时,也不会表现出畏缩不前。

作为丈夫的经纪人,华尔特太太是非常优秀的,她让如同"墙画"一般的默默无闻的丈夫转变成一个宴会达人。

华尔特太太这样表示:"其实,我希望我的丈夫能拥有更多的朋友。他原本并不害羞,熟识华尔特的人都知道,他其实非常开朗而热情,只是他的自我意识过于强烈,所以他一般不主动去认识新的朋友。"

华尔特太太意识到,如果直接说出丈夫在社交方面的缺陷,可能会让丈夫产生抵触情绪。她只好悄悄地进行自己的计划,让丈夫在不知不觉的情况下发生改变。因为华尔特是一位摄影爱好者,所以无论在何种宴会上,华尔特太太总是努力找出一些喜欢摄影的人和华尔特交谈,显然,这是个不错的主意,所以,华尔特每次参加宴会都能够与喜欢按快门的朋友交流。当他们开始谈论共同的爱好时,华尔特便能很容易将自己真正的个性展现出来。经过几次这样的活动后,他们谈论的话题自然而然就转移到其他方面上了。

当然,华尔特夫人还不只做了这些。在丈夫将要结交新朋友的时候,她经常为他做一些重要的提示。比如,她会这样提醒丈夫:"刚从波特兰搬到这里的史密斯夫妇,他们是做木材生意的。"

"经过我这么多的努力,我看到产生变化的是华尔特的社交心态。现在他对参加宴会很感兴趣,喜欢结交新的朋友。家人都把他的变化当成奇迹看待。每次听到大家对我说'天呀,你先生太棒了',我就感到非常满足。"

华尔特先生真是幸运,他的这位经纪人这么厉害。但是别的男士就没有他这么幸运了。我认识一位学识非常渊博的推销员,特别精通枪械方面的知识，他的脑子里装着各种稀奇古怪的想法。但是，由于他的社交圈子很小，很少有人知道这些长处，所以他在推销行业中一直默默无闻。这么优秀的人才就此被淹没在人群中，真是有些可惜。后来我才知道，是他的太太抢走了他施展才华的机会，她从不关心丈夫有没有机会表现自己，总是将话题控制在自己了解的范围内，这位太太对丈夫在宴会上的表现不闻不问，即使丈夫在角落里独自坐着。

最棒的宣传大使

让我深有体会的是，妻子对丈夫的态度，会直接影响丈夫在他人心中的形象。

有一次，我给当地的一家经销商打电话，想了解一些关于家电制冷方面的事情。电话接通后，传来一位女士的温柔声音，这是经销商的太太。

她在电话的那边非常热心地介绍说："我的丈夫暂时不在家，十分抱歉，我对于您提出的家电制冷方面的问题，只是略知一二，我的丈夫是这方面的专家。如果您不介意的话，我会安排他亲自去您家拜访，他也许会给您提供帮助并给您挑选一款好的冷风机。"

当听到这位妻子如此赞扬自己的丈夫，并且这样信任他，随即我对这位经销商也产生了信任感，尽管这样的信任没有任何可靠的依据。当时，我便愉快地答应了这位妻子的要求。当这位经销商来到我家之后，只是随便察看了一下我家的冷风机，就决定为我安装了一台新的，就这样，他如此轻松地把钱赚到手了。

难道我们不能从中得到一些启发吗？一个再高明的宣传员也比不过一个聪明的妻子。

"在我们心里，通常都有这样的一些想法或是结论，比如，琼斯先生作为大人物，非常了不起，史密斯先生有高明的医术，而我们的这些认知则完全是通过琼斯太太或是史密斯太太传达给我们的。她们由衷地欣赏自己的丈夫，使得我们也相信了她们的丈夫是很了不起的。"多罗西·迪克斯就曾经这样说过。

假如人们并不看好一个十分笨拙的小孩，这个时候，还经常有人对他说"这孩子真笨"之类的话，那么这个小孩子的表现只能是比以前变得更加迟钝；假如一个人得到"你真有礼貌"这样的夸赞，那么他就会因为受到了称赞而态度变得更好；假如一个人受到的待遇和成功人士一样，那么他就会表现出成功者的姿态和领导者的风范。由此可以证明，旁观者的态度往往影响着他人的性格。

一些有才华的男士的妻子，通常都擅长赞扬自己的丈夫，字里行间会流露出她们的那种骄傲与自豪。她们常常这样向诸位遗憾地表示："我真希望我的丈夫比尔也能参加你们这个聚会，实在抱歉，他正忙着处理琼斯公司的诉讼官司，因为这件有重要影响的官司，所以比尔而脱不开身。"紧接着，另外一位太太也表示出了同样的遗憾："我真的很希望鲍勃也能来，但是这段时间他一直在准备本区的医学讨论会，以至于忙得连我都见不到他。"

这些女士们看似无意的谈话，可以让人们了解到她们的丈夫有多么的忙碌，多么的能干，如同要挥动球棒击飞棒球一样，他们必须将委托人和病人们都赶走，才能得到一点休息的时间。

其实，不擅长自我夸耀是许多男士的共性，他们一般不会眉飞色舞地在他人面前宣扬自己的成就，或者对自己的光辉历史大肆炫耀。当然这种谦逊行为是值得称赞的，但是他们的沉默不语往往会让他们失去一些成功的机会，因为谦逊，人们便无法了解真正的他们。这时候发挥作用的就应该是他们聪明的妻子，如果妻子既保持了良好的风度，又十分有涵养地为自己的丈夫宣扬一番——也算不上有失体面，就能够为自己的丈夫争取到一个成功的机会，那可就是一件大功了。

作为妻子，库柏夫人在这方面就做得非常体面、到位。

有一次，我参加了一个宴会，在这次宴会中，演员安东尼·甘波·库柏也在受邀名单当中，这令我感到非常高兴，因为库柏先生是我非常崇拜和喜爱的演员。我时常在剧院和电影院观赏他的演出。那次库柏太太和库柏先生挽着手臂出席了宴会，能够见到他我感到十分荣幸。

库柏太太必然细心地觉察到了我对她丈夫的崇拜和喜爱，因此便向我热情地描述了在库柏先生演艺生涯早期发生的一些事。通过这次谈话，我对库柏先生的了解更增进了一步，我了解到他在伦敦维多克剧院演出时的许多情形，对他和一些大明星共同出演莎士比亚名剧的事情也有所了解。因为我从未在报章杂志上看到过这些事情，在了解了这些事后，我更加喜爱库柏先生了，我十分敬佩他那崇高的艺术修养。我十分感激库柏夫人和我的那次交流，如果不是她，我不会如此激动。

我了解摩斯西林·娜金时，她还是芭蕾舞剧团一名普通演员，她后来成为著名的芭蕾舞者，曾与伟大的亚利西雅·马尔克法以及亚历山度拉·丹尼洛法都合作演出过。后来，娜金和力西亚·亚辛斯基先生结为夫妇。他们创建了自己的芭蕾舞团，并陆续在全国各地巡回演出。现在他们夫妻都是大忙人，有一次我遇到娜金，便向她询问起巡回演出的事情。

娜金兴奋地告诉我说："我的丈夫雅斯加做得棒极了！组建自己的舞团一直都是雅斯加的一个梦想。现在我们实现了这个梦想。现在他不仅仅要跳舞，还要担任导演和舞团的经理。他真是太棒了！一个人扛起了如此多的责任，还能把剧团打理得有条不紊！"

其实，当时还有很多像娜金夫妇这样的舞团，但是许多舞团管理者都不善于经营，所以当娜金向别人称赞丈夫的管理才能时，所有人都被她那由衷的赞赏之情感染了，雅斯加的名气也因他的管理才能而大大增加了。

从事技术方面的工作，或者是做职业经理人的丈夫，都十分了解自己妻子在宣传自己形象方面的重要意义。这些迫不及待的妻子总是想向世界宣布，她们的丈夫有多么的了不起。

在一次本地的商业集会上，芝加哥律师协会会长柯西曼·毕塞尔先生曾经向台下年轻有为的工商界领导人物发表语重心长的训话。毕塞尔先生说："如果你们当中有人想要持续获得成功，就必须处理好与你们的妻子之间的关系，千万不要小看挽着你们手臂的夫人们。和你共同生活的女人是世界上最棒的宣传家，只要她们愿意充分施展出她们的能力。你会从她们那种不卑不亢，而又恰到好处的称赞中得到很多好处。你永远也不具备她那迷人的风范。"

由于妻子们的宣传，丈夫们的才能会引起众人的注意，并且，她们还能尽力降低丈夫的缺点所产生的坏影响。这个世界上没有人是完美的。为我们创造出了天籁之音的贝多芬，却无法避免自己的听力出现问题；为我们写就了许多激动人心诗篇的拜伦，我们却还是要为他瘸了一条腿而感到惋惜；无论是在战场上还是政治上，一向所向披靡的拿破仑，尽管他征服了法兰西，但是，谁能相信这个伟大的领袖却没有胆量在大庭广众之下进行演说。每个人或多或少都有一些缺点，男性身上的不足之处可能会阻碍他的事业，而女性身上所表现的不足之处，则会给她在家庭和社交两方面都带来遗憾。

有很多人都说，能记住每个人的名字和容貌，就等于找到了通向成功的阶梯。但是马上话锋一转，又强调说，要想做到这样是十分困难的。如果丈夫的记忆力正在逐渐衰退，妻子们与其一味地担心，不如及时训练自己去记住那些名字。一旦遇到丈夫想不起对方名字的情景，你就能迅速上前去提醒丈夫，从而避免让丈夫陷入尴尬的困境。

一般来说，一个人越是忙碌，就越是难以记住他人的姓名，我也曾遭遇过这样的困扰。我曾多次跟妻子探讨过这个问题，我们最后总算是想出了一个还算可行的办法。比如，当有人告知我们要去见一些人的时候，妻子就会把这些人的姓名提前查出来，然后不断强化记忆，尽量达到十分熟悉的程度。

等到见面的时候，我们遇到曾经反复记忆的人时，就能够说出他的姓名，由此避免了原本可能出现的尴尬。比如桃乐丝有时候会这样提醒我："戴尔，鲁滨孙夫人刚才把关于刘易斯的一些事情告诉了我。你们最近见过面吗？他最近的情况你知道吗？"这对我帮助真的很大。

我们可以适当使用这个技巧，借以减轻记住所有人姓名的难度。桃乐丝掌握这种技巧后，已经多次让我避免陷入窘迫焦急的困境。显然，妻子比丈夫拥有更多的时间来完成这项工作。我想，只要妻子们愿意并有决心去做这件事情，一定能够帮助丈夫远离那种尴尬的境地。

如果女士们具备了良好的学识和修养，那么她们就可以弥补丈夫身上的许多不足。很多妻子都帮助男士获得了成功，妻子所拥有的渊博知识犹如静默开放的百合，在那些交际场合会散发出浓郁的香气。

现代紧张而忙碌的生活，甚至让很多人忘记了应该如何去学习。他们局限于自己生活的小圈子里，却舍不得花费时间发展和完善自己。这时，如果妻子学识渊博，在同伴们谈论音乐、诗歌或是文学的时候，她能在人们的期待中发表一番自己的见解，那么丈夫的脸上就会顿时增添光彩，而且很享受同伴们传递过来的羡慕的眼神。

如果你的丈夫瞧不起自己，并独自离开人群而躲在角落中，这样的情景是十分危险的。这个时候，人们会觉得他的确是乏善可陈，毕竟连他自己都是这么认为的。但是作为妻子，你不能容忍别人用这样的词汇来定义你的丈夫。因此，你应该亲自出马。作为妻子你应该知道，没有任何一个宣传员比你更具有优势。你拥有的力量是神奇的，足以让别人对你的丈夫刮目相看，这种能力足以让一枝枯萎的紫罗兰重新绽放。

那么，要让一株枯萎的紫罗兰重新开放应该用哪些方法呢？我的几个建议如下：

（1）时常和丈夫提起他曾经有过的辉煌成就。

（2）鼓励他说出内心真正的想法，在恰当的时候，鼓励他在众人面前讲出自己的想法。

（3）为他提供与优秀的人交流的机会，同时也要为他制造机会与欣赏他的朋友进行交流。

虽然第一印象会存在某些偏见，但是第一印象是非常重要的，人们往往用它去判断一个人的内在价值。作为妻子，一定要帮助丈夫给他人留下好的第一印象，别忘了，对你的丈夫来说，世界上最好的宣传员就是你。

第八篇

婚姻破裂的原因

当你们携手迈进婚姻殿堂的那一刻，神就开始祝福你们了，但这也引起了魔鬼撒旦的注意，这位专门从事破坏的魔鬼时刻注视着你们的举动，一直想把你们在神父面前许下的誓言摧毁掉。好妻子必须提起十二分的精神，预防撒旦在你们松懈的时候投放冷箭。

唠叨不停挑剔不休

桃乐丝·狄克斯说："我们通过妻子的脾气和性格，就完全可以判断一个男人的婚姻是否幸福。即使一个女人才貌双全，如果她的脾气暴躁，唠叨不断，并且挑剔个没完，那么她所有的优点也会因此被抹杀掉。"

"在结婚之后，许多男士会失去那种冲劲，并且努力拼搏的意志也变得淡薄了，这与他们的妻子有直接关系。丈夫的想法总是遭到妻子随意的打击，她总是对男人的希望和梦想泼冷水。她们总是在长吁短叹，不停地唠叨、埋怨。她们嫌弃自己的丈夫为什么不像别人那样懂得赚钱，为什么写不出一本畅销书，或是像别人那样能谋求到一个好的官位？太太整天想这些，她的丈夫怎能不灰心丧气呢。"桃乐丝继续说道。

确实，最可怕的是妻子的唠叨。很多专家对此进行的研究调查表明，它给家庭带来的不幸程度远远要超过奢侈浪费。

心理学博士莱维士·M·特曼曾对一万多对夫妇进行了详细的调查，他的研究结果表明：妻子的唠叨和挑剔是丈夫最无法容忍的。盖洛普民意测验机构也得出了同样的结论：女人的唠叨、挑剔被男人们看作她们的第一缺点。还有另外一个著名的科研机构——詹森性情分析机构也指出，在女人所有的缺点中，唠叨和挑剔会给家庭生活带来巨大伤害。

然而，太太们具有十分悠久的唠叨历史。早在人类穴居的原始时代，婚姻还不像现在这样有保证，太太们为了影响丈夫，便想出了唠叨和挑剔的办法。

据说希腊大哲学家苏格拉底敢于和任何人辩论，他唯一害怕的对手就是自己的妻子，为了躲避妻子兰西勃的唠叨，他甚至要坐在雅典的树下静心思考策略。即使是法国的拿破仑三世和美国的林肯总统这样杰出的大人物，也都饱尝妻子的唠叨之苦，甚至奥古斯特·恺撒和他的第二任妻子离婚，也是因为不堪忍受他的那位妻子无尽的唠叨。

女人们试总是喜欢采用语言轰炸的方式来改变自己的丈夫，但是她们从来没有达到理想的效果，她们不遗余力的轰炸显得毫无威力，甚至是徒劳的，除非太阳从西边出来。

我的一位老朋友就饱受妻子唠叨之苦，他做的每一件事情总是遭到妻子的蔑视和嘲笑，太太把他说得一文不值。起初，我的这位朋友从事着自己感兴趣的推销工作，每天都干劲十足。当他结束一天的工作回到家后，本想和妻子聊聊一天的工作，并期望得到妻子的鼓励，看看他妻子是怎么说的吧："我的大人物，你可回来了，今天是不是生意很顺利？有没有赚到让我们吃饱肚子的佣金？"要不然就是："你只把经理的训斥带回了？你记不记得，下个星期我们就得交房租了？"

他们的这种情况持续了好多年。最后，他终于成为一家知名公司的总裁，此时，那位嘲笑他的太太肯定后悔了，因为他和那位没有礼貌的太太早已离婚。后来，他娶到的那位女士充满爱心，并且十分支持他的工作，他们的家庭生活现在非常美满。

其实，在他们离婚的时候，他的第一任太太也不明白丈夫提出离婚的理由。"事实上，自从结婚后，我一直勤俭持家，不知吃了多少苦，结果，当他觉得我没用处的时候，就一脚踢开我，找更年轻的女人陪他，这太让我伤心了！"这位太太对其他人这样抱怨道。

假如有人跟这位夫人说，她自己的毛病是他们离婚的真正原因，而并不是其他女人的介入，这位夫人肯定会说"你在讲鬼话"。但事实明摆在那里，是她的挑剔和唠叨让丈夫离开了她。如果妻子总是以蔑视的眼光来挑剔丈夫，男人的自尊心肯定会受到极大伤害，并且他的事业心也会被摧毁。

我一位朋友的儿子也有过类似的遭遇，这位年轻人成家很早。幸运的是，在激烈的竞争中，他得到了工作机会，于是他决心在广告界大干一番。但是他的妻子野心勃勃，看不惯丈夫谨慎而保守的做法，对丈夫的表现不满，甚至对他失去了耐性。

这位年轻男士曾经抱怨说，妻子总是对他加以嘲笑和打击，摧毁了他的自信心，他的梦想也因此不复存在了。后来，这位年轻人在妻子无休止的唠叨下再也无心工作，最终放弃了那份工作，同时他也放弃了婚姻。离婚之后，他反而逐渐找到自信，又重新焕发出活力，开启了自己生活的新篇章。

在女人的唠叨中，把自己的丈夫跟其他男人做比较是最具杀伤力的。"你为什么这样笨？看看人家比尔·史密斯连升两级了，而你费了吃奶的劲才升一级。可能你的薪水都不到人家的零头！""我嫂子实在是太幸福了，我哥哥真是能干，又给她买了一件裘皮大衣。""我当初如果嫁给赫伯特，肯定会比现在过得好。"相信，没有哪一位丈夫能够忍妻子这样的冷嘲热讽。

埋怨、诉苦、攀比、蔑视和嘲笑，都是女人唠叨的表现。有的女士精于其中一项，有的女人则是这方面的全能选手，唠叨如同作用强大的无法戒除掉的麻醉药，会刺激男人的神经。如果一个刚刚踏入婚姻生活的二十几岁女孩子，每天都在对何时才能住进像邻居家那样豪华的房子唠叨个没完，那么当她步入中年的时候，无疑会变成一个不知足、无药可救的抱怨专家。

世界上没有夫妇不拌嘴的。一般来说，婚姻不会因为意见不统一而破裂。如果妻子在丈夫每天回到家后，都要进行一番数落和唠叨，且这种无休无止的唠叨是不留情面的，那么无论这位丈夫在事业上取得了多么大的成就，也一定会从事业的顶峰上跌落下来。唠叨的威力能够让一切进取心毁于一旦。

在一次演讲中，弗吉尼亚大学的沙姆·W·斯蒂文教授说道："美国当代的丈夫们应该享受有四种新的自由，一是免于被唠叨挑剔，二是免于被支使，三是免于消化不良，四是结束一天繁忙的工作之后，换上旧衣服放松。"

妻子们为什么总是喜欢挑丈夫的毛病呢？身体状况欠佳可能是不容忽视的原因。喜爱唠叨的太太最好去咨询心理医生，这样既能够保证你的身体健康，又可以避免自己的唠叨和挑剔对丈夫造成伤害。就像汽车要定期检修以使之保持良好的驾驶性能一样。

有时候，甚至法律也会因为唠叨而减轻量刑。在瑞典的法律中就明确写着这样一条：如果有足够证据表明，当事人是在为了躲避唠叨而从事了犯罪行为，那么这件案子视情节可以判定为过失案件，而非谋杀。此外，在佐治亚州最高法院审理的一件案子中，丈夫为了逃避妻子的唠叨，将自己关到客房中，这种行为是无罪的。法庭解释的依据是："所罗门王说过：'与其在大厅里受女人的闲气，倒不如住到阁楼上的角落中'。"

纽约的一份报纸曾刊登这样一件杀人案：一个五十多岁的卡车司机，雇三名流氓把自己的妻子杀害了。导致丈夫对妻子下如此毒手的原因，竟然是这位妻子对他总是不停地唠叨和抱怨。

听到这么多的例子后，人们也许会感到担忧。你的唠叨不仅会毁掉丈夫的成功，危及你们的婚姻生活，甚至会让自己的生命安全受到威胁。妻子如果不知道自己是否有这样的毛病，应该征求丈夫的看法。如果他确定你存在这样的毛病，那也请不必惊慌，更不要发火，意识到了自己的问题，最好的办法就是改掉它。

如果你发现自己有唠叨的毛病，并且意识到生活中的一些麻烦是它造成的，想必你一定想改掉它，那么下面的四项建议可能对你产生一定的帮助：

1.发动周围的人监督你

如果你无法控制自己的行为，那么你可以求助于你的丈夫和家人。对于他们的帮助，你可以给予奖励。当他们发现你又要喋喋不休时，请他们立即给你指出来，你可以用语言来奖励他们。

2.任何话说一遍就可以了

假如你想让丈夫去洗碗，并且反复地提醒后，他还是没有反应，说明他不想洗碗，那你何必再多说一次呢？你的唠叨只会让丈夫更加抵触。

3.用平和的方式达到自己的目的

这是我祖母经常说的话："用甜的东西而不是用腐烂的变质的东西，才能得到你想要的东西。"直到现在，我都觉得这句幽默的话充满了无与伦比的智慧。虽然说丈夫们不是苍蝇，但是用甜的东西对付他们确实管用。

"亲爱的，今天如果你能把我们的草坪修理好，那么晚上你将会得到非常满意的苹果派。"

"亲爱的，你知道今天史密斯太太怎么说的吗？她说她羡慕我的丈夫这样能干，把草坪修理得这么漂亮。"

这些甜言蜜语肯定胜过那些无休止的唠叨，并且更有助于你达成目标。

4.培养幽默感

如果你常常因一些微不足道的小事而生气，那么你的精神迟早会崩溃掉。有的丈夫只是去浴室拿一条浴巾，也要被妻子责骂，像这样气急败坏的女士谁能忍受得了。

理智的女士即使是个购物狂，也不会用法国名牌的价格买一件喜欢的便宜货，因为她们清楚那是一种浪费。唠叨、挑剔也是一种浪费，不值得为了一些小事浪费口舌。

学会幽默，在生活中努力培养自己的幽默感，用幽默的话语和积极的心态化解琐碎的小事。这样会舒缓你以及家人的心情。然而，很多人不明白这个道理，他们不会幽默，每天都紧绷着脸，把爱都化为了痛恨。

5.遇到不开心的事要保持冷静

在生活中，经常会遇到不愉快的事情。遇到这种情况千万不要发怒。不妨把这件事记下来，等事情过后再做讨论。用不了多久你就会忘掉那些微不足道的小事，即使没有忘记，过后你也不会再计较了。夫妻相处，一定要学会冷静地思考问题、讨论事情。

查尔斯·史波考曾说：要想控制男人，最好的办法就是让他们做他想做的事，妻子应该去激励丈夫而不是驱使他。

查尔斯的话具有一定的道理，否则他也不会有超过百万美元的年薪。还记得有一首歌这样唱道：手枪是无法逼迫男人的，喋喋不休更不行，错误的行为只会让男人精神崩溃，然而你也会离幸福越来越远。

自私和野心

　　美丽的珍妮·维尔西不仅是继承了大量遗产的贵妇人，同时也是一个诗人。她于1826年和卡莱尔结婚，珍妮的朋友们并不欣赏卡莱尔，她们都认为珍妮嫁错了人。尽管她们都认可卡莱尔的聪明，但都觉得他为人粗暴，不善交际，最主要的是，他是个不折不扣的穷光蛋。

　　然而，不管别人怎么看，珍妮对此却不在乎，冷峻严肃的卡莱尔和迷人的珍妮的婚姻似乎成了传奇。珍妮与丈夫相拥走过，见证了丈夫一系列著作的问世，如《法国革命》《克伦威尔的一生》等。后来卡莱尔先生成为爱丁堡大学的校长，受到万人敬仰，在卡莱尔夫妇位于敦刻尔克的房子中，时常会有一些文学大师聚会。

　　作为诗人珍妮本来也是极富才华的，可是自从嫁给了卡莱尔之后，她便把时间用在了帮助丈夫的事业上，从而放弃了自己的创作。为了使丈夫的创作不受干扰，他们甚至搬到了与世隔绝的苏格兰乡下，在那里过着艰苦的生活，不得以，珍妮只好亲手缝补衣服，照料丈夫的起居。这时候的珍妮显示出一名优秀妻子的秉性，不仅丈夫的慢性胃病在她的照料下好了，卡莱尔长期以来的抑郁情绪也消除了。珍妮当之无愧地成为一名优秀的家庭主妇。

　　卡莱尔先生后来逐渐有了名气，许多女人借助欣赏的理由亲近卡莱尔，珍妮却表现得十分大度，丝毫没有计较，她认为这些女人能够帮助丈夫获得更大的名气。珍妮从来没想过要改变丈夫的性情，这是最令人称道的地方。

珍妮写过的最著名的一段话是："当然我并不鼓励所有人都具有相同的性情，我的做法是，用粉笔画一个圆圈，圈中的人可以最大限度地发挥自己独特的个性，而不是跨出自己的圈子，成为别人圈子中那样的人。"

妻子最好要了解丈夫的能力范围，帮助他及时挖掘自身的潜能，而不是促使丈夫去做超出自己能力范围的事情，这是两件截然不同的事情。

珍妮就是一个好榜样，她了解自己的先生，认定他是一个天才，她从不在意丈夫粗鲁的言行，也不想把丈夫塑造成别的模样，她让丈夫努力生活在自己的"粉笔圈"中。

并不是所有妻子都能像珍妮那样善解人意。有的男人活得很累，其根源在于，他们的妻子野心勃勃。这些妻子会强迫丈夫做超出他能力范围的事情。有的人在本职岗位上原本过得很快乐，倘若强迫他们去谋取更高的职位，可能会为他们带来无尽的烦恼，甚至会引发疾病，最终可能会因为无法承受巨大的精神压力而提早进入坟墓。

奥里森·史维特·马登说道："如果一个砖瓦匠手艺高超，要远远好于其他行业中的二流人物。"只有适合我们性情、心理以及能力的成功才是我们所需要的。

并不是每一个人都能成为将军或者董事长。人们把太多掌声给予了成功人士，致使人们误以为，满足于低职位的人都不具上进心。如果妻子们也这样认为，她们很可能会迫使丈夫不断地往上爬，并且提出不现实的要求。野心勃勃的妻子，认为丈夫就应该像疯子一样去打拼，最终要超越邻居以及朋友的收入。

耶和华问我们："你们谁的身高是因为苦思和忧虑而增长的

呢？"即使你再想增高，忧虑和烦恼也无法帮到你。而太太们正是因为抱有这方面的幻想，才导致家庭悲剧不断地上演。

我认识一位已经结婚二十多年的女士，她始终没有放弃让自己的丈夫从一个水管工人变成一个白领的愿望，她对具有高超技术的丈夫并不满意。当她看到朋友的丈夫提着公文包去上班，而自己的丈夫却拿着饭盒去车间时，她感到十分丢脸。于是这位太太不断地督促丈夫按照她的要求去做。

为了满足自己的妻子，他只好辞掉水管工的工作，去一家大公司做抄写员，现在他手里握的终于是钢笔而不再是螺丝刀了。因此，他的太太很满意他现在的工作，她终于可以向朋友们炫耀，自己是如何拯救蓝领丈夫的了。虽然她的丈夫比较努力，并且克服重重困难，晋升了几级，工资也比做水管工增加了许多，但是对这个普通的文书工作，这位先生却十分厌恶，根本无乐趣可言。

为了高薪，为了得到更高的地位，强迫丈夫去做他厌恶的职业，而放弃了他一直喜爱的工作，这样即使他的职位提升了，而他仍然不会快乐。

檀香山警察局的警车巡逻员克利弗·西瓦茨曼原本对自己的工作很满意，但后来，他被调到另外一个部门，这个时候，他的小女儿刚出生不久。虽然新工作薪水较高，但西瓦茨曼感觉压力非常大，几乎没有闲暇去照顾家庭。作为一个称职的警察，他只能默默承受这一切。

起初他还能接受这种考验，但是，后来情况就发生了变化。他开始失眠，身体健康状况越来越糟糕，脾气变得异常暴躁。他去看医生并接受了全身检查，却没有发现任何问题，后来医生同西瓦茨曼进行了长谈，医生告诉西瓦茨曼，是工作原因造成了他目前的状况，医生建议他辞去当前的工作，否则将会出现严重的后果。

西瓦茨曼接受了医生的建议，请求调回原来的岗位，并且得到了批准。后来，他的健康状况果然得到了改善，似乎一切都恢复了正常。

西瓦茨曼说："对我而言，薪水再高也不如从事自己热爱的职业，经验告诉我，金钱不比快乐的生活和健康的身体更重要。"

幸运的是，西瓦茨曼及时明白了这个道理。但是在生活中，有很多人一辈子都没搞明白这个道理，只能抱憾终生。约翰·马昆特在他的小说《没有退路的据点》里，描绘的主人公形象是：她非常重视物质生活，把贵族学校和高级社交场所看得比什么都重要，为了满足自己的虚荣心，她怂恿丈夫不断地向上爬。丈夫尽管并不想那样做，但为了满足妻子的要求，还是言听计从。到最后，他深陷不符合他性格的交际圈，才发现这时候的他已经没有回头路可走了。

有时候，妻子们的野心会给丈夫带来非常严重的后果。有这样一篇文章曾发表在《时代周刊》上，说有一位官员很想做外交官，但是经过三次竞选都失败了，最后这位野心家选择了上吊自杀。

彼得·施坦克博士在《停止谋杀自己》中，对那些过分逼迫丈夫的太太们进行了指责，因为这些太太们总是无休止地对丈夫提出过分的要求，她们的眼睛总是盯着更好的生活和更高的地位。无论是妻子还是丈夫自己，都不要苛求对方去做超出其能力范围的事情。这位博士的话实在是真知灼见："能够快速摧毁自己的家庭的，总是那些身处浮华环境中的，天生就喜欢追逐名利的女人们。"

因此，诸位太太们，如果你的丈夫有才华，那就让他自由发挥吧！不要促使他去实现你渴望的"成功"，那样所谓的成功并不适合你的丈夫。

看看安得瑞·英罗伊斯是怎样劝告我们的吧！他在《生活的艺术》一书中这样写道："无论一个旅行家有多么丰富的经验，他也不可能走遍每一个村落；一个作家再伟大，也不可能把每一部小说写到极致；一个政治家再出色，也不可能让每一个变革都达到完美无缺。"

我在这里再次强调，必须坚决摒弃那些并不适合你丈夫的计划。

如果你希望丈夫取得更大的成就，那就多爱他并鼓励他，和他携手共同努力。但是，你一定要看管好自己的野心，不要逼他走上绝路，更不要强迫他去做超出自己能力范围的事情。

插手丈夫的工作

　　在最近一次的晚宴上，我遇到一位在一家公司担任公关部经理的朋友。他所在的公司是美国成立最早的公司之一。就妻子们应该如何协助丈夫获得成功的问题，我向他求教。

　　这位经理和我说道："我认为一个妻子如果要协助丈夫获得事业上的成功，必须要做到两点：一是要爱她的丈夫，二是要让她的丈夫独自去闯天下。也就是说，作为妻子，不能干扰丈夫的工作，这就算是帮助了丈夫，可爱的妻子要为丈夫营造出快乐舒适的家庭氛围。

　　"妻子不打扰丈夫的原则，既适用于工作，也适用于生活。而有的妻子并不是很了解这一点，总是喜欢去干涉或打扰丈夫的工作，把自己当成丈夫事业上的顾问，甚至丈夫和同事之间的关系也要干涉。对丈夫的工作时间、承担的工作，以至于丈夫的薪水等等都要抱怨。这样的妻子对丈夫的事业产生的破坏作用是威力极大的。"

　　每一个披上婚纱的女孩，都对自己的未来充满了梦想，她们当然希望心目中的白马王子有一天能够坐上经理的宝座。为了达成梦想，她可能会想出很多办法。她可能会与丈夫的同事成为朋友，或为丈夫的工作做出某种筹划及暗示。但是她们的做法带来的往往是副作用，她的丈夫不仅没能按照她设想的那样晋升，反而会失去工作。

　　我们公司新来了一位很称职的经理，至少大家是这么评价他的。但奇怪的是，他的妻子每天都要跟他一起来公司，并且陪同他一起工作，有时候会记下她丈夫的要求，然后交给打字小姐，要知道，她可不是我们公司的员工。有时候，这位妻子甚至会擅自更改丈夫的计划。随着她的干涉，整个办公室变得乱七八糟，甚至有的女职员递交了辞呈。三个星期之后，老板委婉地辞退了这位有才能的经理。最终，这位经理和他的妻子只好离开公司。

我们可能会觉得，这是一件不可思议的事情，但是现实中确实有这样的妻子，也许她们还没有达到陪同丈夫去公司的程度，但是她们或多或少做了一些干扰丈夫工作的事情。妻子的干涉肯定会阻碍丈夫的事业，即使她们的意图是好的。我的一个朋友告诉我，他们的公司里有一位非常出色的经理，而且在这家公司已经工作了很久，但是不久前却被公司辞退了，原因是，他的工作总是被他的妻子干扰。

妻子为了能让丈夫达到自己理想中的状态，在为丈夫出谋划策时，可谓费尽心机，她们希望丈夫战胜公司中其他竞争者。她们把丈夫的同事当成敌人，为了保住丈夫的优势，用谣言攻击丈夫的同事，有时候还会挑拨同事之间的关系，而这样做的结果是自己的丈夫因此而丢掉了工作，因为丈夫不能控制妻子的这些秘密行动，迫不得已只能向老板辞职。

假如妻子喜欢插手丈夫的工作，那么她一定熟悉以下的十种方法，这些方法不但使你的丈夫无法踏上成功的阶梯，还会因此失去职位。这种结果都是你的指手画脚的功劳！

1.对丈夫的女秘书恶语相加

有的妻子总是看不惯丈夫周围的人，尤其是他的女秘书。她对那些年轻美丽的女秘书天生充满嫉恨，喜欢对她们恶语相向。其实这些无辜的女秘书根本无心追求她的经理，但是遭到太太的发难也是在所难免的，甚至有的太太更喜欢像对待仆人一样对待女秘书。于是倔强的秘书就把辞呈交给经理，之后，这位经理遇到的麻烦是：在下一位秘书到来前，只能亲自打字。可是他的妻子却十分得意，在她眼里，秘书工作没什么大不了的，至少她的经理丈夫还可以使用一部答录机。

2.随意给丈夫打电话

有的妻子会随意给丈夫打电话，她才不管时间和场合呢，根本不考虑丈夫正在参加董事会议。每天她都要守在电话机旁，像指挥官作战一样通过电波来操控丈夫，她会操起电话逼问他正在和谁一起吃饭，也会把家中水管的损坏情况报告给他，并指示他在回家时不要忘记早上嘱咐他买的东西。在丈夫发薪水的时候，她甚至会去公司直接领走丈夫的薪水。这样，人们便知道谁是经理家中真正的主人，同时会发现，经理的情绪低落，办事效率也降低了。

3.和丈夫同事太太之间摩擦不断

有的妻子把丈夫同事的太太当成了对手看待，不愿意与她们交往，当然也就不会给她们好脸色。甚至还会散布一些流言蜚语，信口谈论老板对自己的丈夫以及她们丈夫的意见，由于她的这些言论的作用，整个办公室渐渐出现了不同派别，而这种现象的出现就是由这位指手画脚的妻子一手导演的。

4.埋怨丈夫的工作和薪水

有的妻子总是不满意丈夫的薪水，她们还抱怨丈夫的工作前景，嫌他赚得少，工作环境不好。丈夫的工作态度因此也受到了影响，对妻子的话慢慢产生同感，在妻子的感染下，丈夫不久便去寻找新的工作。

5.指挥丈夫的工作

有的妻子摆不正自己的位置，她想当然地把丈夫想象成公司经理，好像她具有公司的决策权一样。这样的妻子经常摆出颐指气使的姿态，对丈夫的工作指手画脚，告诫丈夫怎样巴结上司。要知道，在这个公司上班的是你的丈夫。也许你很希望自己能成为一个有战略眼光的大师，但是，你应该明白，丈夫的公司不是你演练的场所。

6.挥霍丈夫的薪水

挥金如土的妻子没有什么值得炫耀的。大肆地挥霍只能说明你不为丈夫的薪水着想，一场舞会就一掷千金，虽然丈夫的事业看上去很成功，其实他早已是苦不堪言了。

7.侦查丈夫的行踪

有的妻子愿意装扮成侦探。她热衷于侦查丈夫的行踪，并且对调查丈夫的女秘书、女客户以及同事的太太十分感兴趣，她会关注这些侦查对象的一举一动。有的男士为了避免接触女同事，而宁愿搬到其他办公室，可是太太还不停止她蹩脚的侦查，因为她早已把公司所有的女士认定为勾引男人的狐狸精。

8.向老板献殷勤

有的妻子喜欢接触丈夫的老板，只要有机会就会施展个人魅力，并使出浑身解数。虽然老板并不在意你的愚蠢行为，但是老板夫人却会为你的丈夫特地寻找一个新上司，为你提供用武之地，以便你更好地施展自己的魅力。

9.在公司宴会上出丑

妻子出席公司的宴会很正常，但是一定要慎重考虑自己是不是一个酒鬼。几杯过后，有的太太就醉了，她们会毫无顾忌地把丈夫年轻时的一些荒唐事讲出来，说他睡在床上穿着乱七八糟的睡裤。这样的太太虽然在宴会上出了风头，可是却让自己的丈夫成为日后人们口中的笑料。有些太太就是喜欢拿自己的丈夫寻开心。

10.拒绝丈夫加班

你不愿意自己的丈夫加班或是出差，为此甚至哭哭啼啼地发牢骚。你认为自己比丈夫的工作重要，在所有的事情面前，丈夫都要为你开绿灯，其他事情必须喊停。

发生争吵

可能爱情会让一个平民变成王子，但是一些酒徒却无法成为牧师，让寻花问柳的人老老实实待在家中也是不现实的。其实，有些事情不是想做就能做到的，我只能给各位女士提一些建议，你们结婚时最好选择品德高尚的，你能够掌控的，并且可以和你共同建立幸福生活的男士。

经过了一段时间的共同生活，如果你们之间出现了一些问题，而且你发现自己无法改变丈夫的毛病时，你就要学会降低自己的期望值，持续地争吵只会让你更加失望，也会让你们之间出现裂痕。你要承认，有些问题是解决不了的，有些事情也不是你所能改变的。人没有绝对的坏，这世上的对与错也不是绝对的，只是因为看法不同、各人的需求不一样罢了。这一点是无法否认的，我们所能做的就是让生活变得更轻松一些，让自己更豁达一些。这时你感到的最大遗憾，就是在结婚之前不知道自己究竟想要什么样的生活，也不清楚自己应该选择什么样的男性，这样才会导致婚后摩擦不断，争吵升级。

夫妻之间往往会因为意见不同而发生争执。吵架对夫妻生活没有一点好处，费力又劳心，不但影响你们身心健康，还会破坏夫妻感情。争吵如果能带来一丁点的好处，人们就会争先恐后地去争吵了。

丈夫的风度会因为吵架失尽，妻子的魅力也会丧失掉。那么，如何避免夫妻间的争吵呢？首先，不要主动去挑起争端；其次，对别人适当忍让。如果妻子没有按时做晚餐，在丈夫表示不满时，一定要理解丈夫的冲动；有时候妻子会有点任性，丈夫就要把她的小脾气理解为撒娇。有些夫妻携手度过几十年，他们之间几乎没发生过争吵，这往往是因为丈夫态度随和，同时，妻子具有宽容和忍让的性情，他们即便出现分歧也不会发展到争吵的地步。

既然争吵有损健康及婚姻的道理尽人皆知，那么夫妻间要尽量避免发生争吵。我的建议是夫妻必须把握这样一条重要原则："避开对方情绪恶劣的时期。"

如果一个人情绪低落、精神压力大，这往往预示着他要发脾气，这时可能一点点小事都会引发冲突，这就是"情绪恶劣的时间"。比如，对手抢走了你丈夫的大客户，这对他来说是个不小的打击；比如，你丈夫早晨没有睡足，起床时还在生气，敏感的妻子这时就会闻到浓烈的火药味，在这时候，妻子显然不能发牢骚。在"情绪恶劣的时间"里，即使你没想吵架，但也止不住他怒火中烧，如不小心火山就会立即喷发。

这种时候，如此聪慧的女士自然会躲得远远的。你如果挑起了争端，也许你能发泄一下心头的怨气，可是后来出现的结果你想过吗？遭殃的可能是你们家中精致的茶杯，你的毛巾虽然漂亮，也有可能被踩在脚下，甚至你还会看到深爱的这个人愤怒地抱着头，极度的失望。然后你就会为自己的举动而后悔，之后你还要考虑是否应该道歉，伤害自己挚爱的人本不是你的初衷。所以说，妻子如果不会控制自己，就无法避开"情绪恶劣的时间"，这样，自己酿的苦酒只能由自己品尝了。

控制情绪的办法还是有的，让我给你介绍一下吧！当你控制不住自己，感觉自己成了一支放在弦上的箭，一定要克制自己，先坐下来深呼一口气，然后单独走出房间，暂时离开情绪不佳的丈夫，去朋友那里坐一坐也好，要不就去拜访父母。当然，不管你去哪里，目的是转移一下你的注意力，平复自己的心情，而不要和别人唠叨自己的家务事。当然在你离开时不要怒气冲冲地摔门。这样，大概用不了一个小时，你的心情就会感觉好多了，回到家里，你就会发现带着"起床气"的丈夫已经平缓下来，公司的事也不再烦恼他了，他正坐在椅子上吃早餐，还看起了报纸。你走进屋子里，他和你相视一笑，一切烟消云散。

假如妻子认为丈夫不思进取，有指责他的冲动，这时候，你应该提醒自己先闭紧嘴巴，去做一些其他的事情：比如考虑你们是否去度蜜月，或者你去买一件新衣，要不就去筹划何时出去旅游。当怒气消失之后，你再思考用什么办去法督促丈夫。

当然，任何一对夫妻之间都会发生争吵。即使丈夫十分随和，妻子又特别能忍耐，但是他们还是会经历上帝赐予的一些磨难及考验。争吵虽然无法避免，但我们还是可以通过努力来降低争吵的概率。

不要为一些鸡毛蒜皮的小事而争执，否则说出你争吵的原因，自己都要感到难为情。可能你们吵架的理由是非常滑稽可笑的，甚至让人难以分清你们谁才是真正的傻瓜。看看这对夫妻是怎样挑起矛盾的。"看到你穿那样褶皱的衬衫，我可不愿意和你一起出门，就是让我免费去巴黎，我都不想和你一起去。"妻子撇着嘴说道。丈夫当然也不甘示弱："我们家里前段时间之所以特别安静，都是因为你患了急性咽喉炎不能开口说话，现在可好，你的炎症好了，家里又不消停了！"如果妻子认同这位丈夫幽默的想法，那么她就会"扑哧"一乐，两人就不会发生争吵。但是如果丈夫的幽默没产生作用，那么这位妻子恐怕就会怒火中烧了。

我的一位朋友也曾经和他妻子发生过这样的争吵。有一次，他对妻子愤怒地说"收拾衣服，你滚出这个家"，被激怒的妻子转身就去衣橱里收拾自己的衣服，可是丈夫随即就后悔了，情急之中，他锁上衣橱不让妻子出来。两个人同时都笑了，结束了这场争执。如果你和丈夫都不懂幽默，还是不要玩这种游戏，即使它是很可笑的。

在争吵的时候，还必须要注意自己说话的方式与方法。像"你懂什么""你胡说""你什么都不是"这样的语言是不可以使用的。如果发生了争吵，你可以换一种说话的方式，比如"你的说法我不同意""我有这样的想法"，或者"你没弄明白我的意思，这不是我的本意，我是想……"

此外，还必须要记住一点，不管你们怎样争吵，都不要说个没完没了。战争都能结束，更不用说夫妻之间的争吵了。有人把夫妻之间的吵架描述得很幽默："吵架时，家就是硝烟弥漫的战场，所以你要想办法不让争吵升级。如果炒好的鸡蛋被你作为武器扔出去，为了不扩大战争势态，那么你要想方设法恢复它的原状，并一边做一边说：'好吧，演习结束了！该休息了！'"

哪怕是丈夫引起了这一次争吵，吵架之后，一个优秀的妻子也会展现出她的宽容大度，温柔地向丈夫道歉。如果你这样做了，你的丈夫肯定会为自己的错误行为感到羞愧，并且会非常感激妻子的包容。当然这样的道歉也要讲究一些方法，首先你知道自己并没有做错，并且也要知道自己不对的地方，否则他不会和你生气，你仍然可以坚持自己没有错，只是不能明说而已。你表示过道歉之后，你们就会和解，然后就讨论如何避免日后的争吵，查找出彼此的"沟通"失败的原因，这样你们就会达成共识，并在以后避免出现类似的情形。

作为妻子，必须明白以下这种情况：假如你在婚姻上破产了，女人再婚时可做出的选择是很有限的，因为不会有大量的好男人可供你选择；再说和你年龄相仿的单身男士少之又少了。然而，你丈夫的情况就大不一样。你们的婚姻关系结束后，可供他选择的单身女性很多。假如你的丈夫风度翩翩，那么他还会选择更年轻、更具魅力的女士。如果你意识到了这种局面，可能会学着控制自己的脾气，不再对丈夫横加指责、叫嚷、乱发脾气。而这时候你也许会真正意识到："我非常幸运拥有了自己的丈夫，因为他没有娶别的女人而是娶了我。"

如何好聚好散

其实在生活中，夫妻之间产生矛盾并不可怕。本来就复杂的家庭生活，偶尔产生一些矛盾也不值得大惊小怪。但是，如果发生了纠纷，还是需要引起注意的，因为关于家务事的是是非非，是很难讲清楚的。在处理婚姻矛盾的时候，最好不要听信陌生人的意见。因为他们的看法往往不着边际，又容易引起误会。

尽量在家庭内部解决你和丈夫产生的矛盾，不要让局外人掺和进来。局外人只能带来不好的影响。所以，你们的问题即使由局外人帮助解决了，你的家庭又重新和睦起来，可能你也会不想再见到这个人。

事实上，当自己的婚姻出现问题时，最好别让局外人参与解决。因为当事人总要比局外人更了解夫妻间出现问题的原因。夫妻之间的矛盾，有时候仅仅是由一些鸡毛蒜皮的小事引起的。虽然夫妻双方都具有善良的品质，但是当两个人组合到一起时，还是会产生一些排斥。在外人看来，出现这种情况，原因在于脾气暴躁的一方。但很多时候情况并不是这样，在外面表现得能干又老实的人，在家里的表现很有可能却像个魔鬼，所以，一个局外人怎能了解到真实的情况，他又怎么能够做出正确评断呢？

很多情况是这样的，有的男人在外人面前表现得老实可信，往往给人留下非常好的印象，被外人看成十全十美的绅士，当他在家里与妻子发生争吵时，外人大多会认为他妻子负有责任，然而实际上，他的妻子却为此蒙受了不白之冤。后来人们才明白真相，原来这个在外面表现得彬彬有礼的男人在家里却是一个恶魔，他总是想出一些办法让妻子承受巨大的痛苦。因此说夫妻之间的事情往往不是外人想象的那样。

不管是朋友还是亲戚，让外人来参与解决夫妻的婚姻矛盾，显然是不明智的。因为在通常情况下，外人都无法发挥积极作用，有时候很可能会帮倒忙。在不清楚事实真相的情况下，外人经常会偏袒那些引起争吵的人，因此，无辜的一方也就被冤枉了。

对于婚姻生活来说，离婚是非常慎重的事情，也是一直比较棘手的问题，处理妥善很难，如果不能妥善处理，会为当事人双方造成多方面损失。在文明社会中，文明的人最好以和平分手的方式离婚，双方共同理智地解决问题。这样做就不会因为离婚给两个人带来苦恼而陷入困境，也会省略一些不必要的开销。

当夫妻双方认为，他们无法共同在一起生活了，或是感觉到两个人根本无法继续维持婚姻生活，那么离婚就是最好的选择。可能有的人会选择分居，但是有的时候，选择离婚比分居更好。因为离婚的人有更多的自由，双方都有开始新的生活的权利。如果你们有孩子，那么在离婚的时候，就要多考虑孩子的抚养问题。如果恰巧你们没有孩子，或是孩子还未出生，那么夫妻双方只需要再次申诉就可以办理离婚手续了。

虽然有的夫妻婚姻关系破裂了，甚至彼此都认为无法继续在一起生活，但是，事情还是会出现一些转机。在经过了一两个月，或是一两年之后，也许这对夫妻经过一段时间的磨合以及协商，又能够重新生活在一起，并且生活得幸福快乐，没有人会想到，他们在几个月或是一年前曾经闹得不可开交。因此，对待离婚这件事一定要小心谨慎，如果你们认为还有弥补彼此之间感情的可能，那么就不要在离婚协议上轻易签字。

人与人之间产生矛盾在所难免，不存在不吵架的夫妇。有些夫妻很善于处理婚姻中出现的矛盾，在吵完架之后，他们能自行解决问题，在解决问题之后，双方的感情反而会更加牢固，甚至会体味到蜜月时期的甜蜜感觉。有的夫妻对待婚姻不太慎重，提出离婚也显得很草率，把婚姻当成了儿戏，结果，离婚后很快就后悔了。虽然离婚后可以过上自由的生活，但是他们也会感到怅然所失。

离婚并不是一件轻而易举的事情，它会牵扯到生活的方方面面。还有一些人，他们之间的爱情已经不存在了，在一起又整天争吵，彼此之间缺乏应有的尊重，这说明他们的缘分可能已经消失殆尽，再没办法挽回了，对他们来说，这时候选择离婚就是最好的办法。这样做不仅有利于夫妻双方，也有利于他们的孩子。我想，最残忍的事情就是，让孩子在争吵的环境里成长。

但是，如果你们的感情并没破裂，存在的问题仅仅是性情不合，或是意见不统一，那么要想结束婚姻关系，就不能草率行事。冷静下来之后，也许通过分析查找原因，会改善你们的关系，并进一步增进感情，所以，不必急于办理离婚手续。

如果双方经过努力，仍然认为婚姻无法维持，并最终做出了离婚或分居的决定，那么你也应当注意以下几点：

1.端正你的情绪

当你们的婚姻出现了危机，不管你们是打算维持现状，还是决定分居或者离婚，毫无疑问，你的情绪都会焦虑。你会因为这样的情绪感到非常痛苦，而这种痛苦会随着时间的推移逐渐增强。这时我对你提出如下建议：你一定要敢于面对这种忧虑的情绪，不必对此大惊小怪、手足无措，你不要认为这是你性格的缺陷，也不要对它耿耿于怀。这种情况往往是因为你余怒未消，压抑在心里形成的，产生忧虑甚至恼怒的情绪也很正常。

2.向专业人士咨询

假如你们并不确定离婚还是分居，那么不妨向专业人士进行咨询，也许你们的困惑通过他们能够得以解决，他们或许能够提供一个不错的建议。

3.适当宣泄心中的怒火

如果人们心里总是藏着一些烦恼的事情，必然会为自己的心理和生理带来极大的负担，无论从哪方面来说，这都是有害的。你心里的怨气埋得越深，你的忧虑就会越多，结果会给你带来更大的痛苦。忧虑的表现就是压制或欺骗自己。或许你应该找一个可靠的人来倾诉自己的不满，发泄出内心的怨气，或者干脆大哭一场，把心中的痛苦情绪释放出来。

每一个人都可以通过合适的途径来宣泄自己的情感，然而，哪一种适合你，这还要靠你自己亲自去尝试。如果你认为大喊大叫有失淑女风范，并且那也不是你愿意采用的方式，那么也可以尝试一下其他方法。你可以去参加一些体育活动，比如外出旅行，或者骑自行车长时间外出，这些都可以使你的痛苦有所减轻。

4.努力创造独自生活的可能性

结束婚姻关系，就意味着你们将开始新的生活。现在，你必须学会独立处理每一件事情，不能再依赖他生存了。你要告诉自己，"不需要依赖他，我完全可以做好""我用不着事事都求他了"。学会独立没有什么可怕的。

在现实中，你必须进行自我抗争，你只有付出极大的努力，才能由一个小鸟依人的太太变成一位独立的女士。这也会让你从中学到一些知识，或者从其他人那里借鉴到一些经验。只要你学会了独立，就能处理好其他事情。当然，你不一定事事都能获得成功，所以也要做好失败的心理准备。

5.摒除所有不切实际的幻想

也许你很满意自己能够独立生活，甚至对这种生活方式还充满了期待，即使那样，也要尽量多结交新朋友，这样会让你尽早走出不幸婚姻的阴影，但是，你不要期望立刻会有某位男士帮你度过难关。虽然有些好事会突然降临到我们的身边，但还是尽量少一些不切实际的幻想。

6.离婚后也要做一位好母亲

离婚并不意味着和过去的所有联系都一刀两断，假如你是一位母亲，离婚后也不可能十分轻松。无论如何，照看孩子都是父母的责任，那么你一定要在这段时间里继续扮演好母亲的角色。你要做好安排，要让孩子们和再婚的父亲见面，并能和谐相处。尽管已经离婚了，父亲也有义务照顾孩子，你也要适时地提醒前夫，他在这个周末应该照看孩子了。

7.要慎重决定自己的未来

对于现在而言，过去的回忆已经失去了效力。目前最重要的，是你对未来的想法。在未来你想做些什么，有什么打算？会找工作吗？是否想结识新朋友？现在你要不要培养一些爱好？是否想打破条条框框，把自己的生活安排一下？如果你已经有了孩子，你就要对孩子的未来做出安排，在自己快乐的同时，也要让孩子得到幸福。

虽然你不愿意回忆以前痛苦的日子，但是这些痛苦或许已经转化为你的经验了，只要你做好了从头再来的准备，它会对你的人生产生很大的帮助。

8.学会向合适的人倾诉

现在如果你仍然感到痛苦不堪，不能从上一次失败的婚姻中解脱出来，那么不妨向你闺蜜，或其他女士讲一讲你的想法，也可以与她们组成一个联谊小组，或许通过与她们的交流，你能从中学得一些经验和方法，这对解决你的问题有一定的帮助。另外，不妨参考一下与你有同样遭遇的人的做法，这样不仅能够减轻你的压力，还能让你多得一个互相帮助的伙伴，甚至你们可以共同照顾孩子。

9.整理好心情迎接挑战

假如你已经做好准备，并打算重新找一份工作大干一场，那么千万不要心急，尤其在面试官面前，更不要流露出你的急切心情。没有人愿意自找麻烦，你的雇主肯定不愿意你以照顾孩子为借口向他请假，所以你要注意自己的措辞和态度。

生活中总会发生一些意外，对于那些想要重新开启生活大门的人来说尤其如此。因此，你既要做好准备迎接机遇，也要做好计划失败或是落空的思想准备。当机遇来临时，要全力以赴去争取；当计划失败时，要淡然地对自己说："无所谓，明天还是崭新的一天。"

10.争取和孩子多在一起

如果在婚姻失败后，你失去了抚养孩子的权利，那么与孩子们在一起的时间就变得弥足珍贵了。你如果不想彻底失去与他们的联系，也不想让孩子们失去母亲，那么就一定要珍惜和他们在一起的时光。如果你打算这个星期与孩子们一起出去郊游，那么就要及早做出安排和部署。要做一些积极的准备，不要坐在家中一味地等待。

第九篇

女人要善待自己

　　通过阅读《圣经》，我们知道夏娃取自亚当的一根肋骨。于是，女人便围绕着男人的这根肋骨开始了她的一生。柔弱的女人成为呵护父亲的贴心棉袄，担当起丈夫休憩港湾的角色，成为儿子永远的依靠。女人从不抱怨，也不后悔。但是当她们静下心来的时候，心底难免会留下些许失落。因为，她们发自内心地善待了每一个人，却唯独忘记了自己……

自己好才是一切的出发点

有时候，生活中的女人会失去真正的自己。她们在结婚之前努力让自己成为父母的乖女儿，结婚之后则让自己成为丈夫的好妻子、孩子的好母亲。在生活中，丢失了身份的女人时常抱怨，是环境迫使自己不得不这样做，她的权利被身边的环境剥夺了，她也成了他人的附属品。事实上，这种借口显示出一种软弱。

一个女性最终成为什么样的人，当然与社会环境有直接关系。但是，环境只能间接影响到你，却不能最终决定你成为什么样的人。你完全可以避免遭受周围环境的影响。你之所以能够成为现在的自己，完全取决于你的选择。即使你具备了女人天生的软弱，且手无缚鸡之力，即使你所处的社会的大环境并不是那么理想，即使你处于被动的劣势环境中，即使有人控制了你所处的环境或肉体，但你的态度也不是这些所能改变得了的。

你内心的态度决定了后来的成长方向，你的选择决定了你生活的天地。

"一个人生活的环境，是由他自己的思想、信仰、理想和哲学创造出来的。"这句话让我们看到了个人存在的意义，你个人的态度决定了你是谁，同时也决定了你会成为什么样的人。无论是男人或是女人都不能低估态度的重要性。你最好的朋友可能就是你的态度，也可能是你最强的敌人。它决定了你的人生高度。

在《哎，或者寂寞》一书中，作者斯曼莱恩·布兰顿博士这样写道："适度的自爱体现的是健康，适度的自重对工作和成功都会发挥极大的促进作用。"爱自己就是重视自己，它体现出了一种健康的生活方式，这当然不能被理解为自以为是。心理学博士马斯洛是《刺激与性格》的作者，他在这本书中提到人类需要"承认并接受自我，要自然接受自我、舒放直觉冲动、实现自我满足"。

一个成熟且看重自己的人，不会花费时间去过多地考虑自己在哪些方面不如别人。

成熟的人不会为自己没有比尔·史密斯的自信，或者因为缺乏吉米·琼斯的积极态度而整天忧愁，他总是能够及时地做出自我评断，总是十分清楚自身优点及缺点，他对自己的基本目标和动机也非常了解，他会花费精力去改变自己，而不是坐在那里一味地忧愁哀叹。

有人提出了一个非常好的问题——喜欢自己与喜欢别人是否一样重要？答案是肯定的。心理学家指出：如果一个人连自己都不喜欢，他又怎能去喜欢别人？一个人如果仇恨一切事物，或者厌恶并虐待同类的人，他一定会对自己也表现出强烈的厌弃。

的确，也许我们无法改变风吹来的方向，但是我们手中的风帆却可以改变，我们有权选择用什么样的态度把握它。如果女人期望在生活中做好自己，首先就要培养重视自己的态度。

我的一位女学员几年前就有过这方面的疑惑。这位太太的丈夫是一位雄心勃勃的人，有极强的事业心，做事喜欢独断专行。这对夫妻的社交圈子是由与丈夫类似的所谓名流人士组成的，这个圈子的人喜欢通过社会地位来衡量一个人的价值。在与他们交往时，这位文静的太太感到十分压抑和自卑。她参加的活动越多，越感到自己微不足道。她身上具备的优秀品质根本得不到周围人的欣赏。这位太太渐渐地失去了应有的自信，变得越来越压抑，她总是觉得周围的人看她的眼神有些异样，她觉得无论如何自己也达不到他们的要求和标准。她因此变得越来越不喜欢自己。

其实，这位女学员大可不必苛求自己适应身边的环境。此时最重要的就是适应自己，看重自己并愉快地接纳自己，并把这样的压抑忘掉。她应该明白每个人来到这个世界都能发挥自己的作用，每个人做事都有权力尊重自己的性格，没有必要照搬别人的套路。

对于这位女学员而言，第一步就是要重新塑造自己，不要再用他人的标准来衡量自己的人生，一定要树立起自己的人生观、价值观，并且毫不犹豫地运用在自己的生活中。

另外，她还要学会独立，不去做那些没用也没有必要的自我检讨。

轻视自己的人总是不断查找自身的缺点和不足。当然，我们承认适当的自我检讨能够促使自己进步，有它积极的一面，但是绝不能让它成为自我心理上的一种强制措施，否则就会让自己陷入无谓的困境中去，从而阻碍了自己行动的脚步。

一点点的瑕疵往往不能决定一篇演讲、一个人或是一件艺术品的成败。

在莎士比亚的剧本里，存在着很多历史和地理方面的错误，可是谁又敢蔑视他在戏剧史上如璀璨的明珠一样的社会地位？虽然狄更斯小说中的某些段落也很煽情，但是他书中的诚挚谁又能拒绝？那些无关紧要的问题谁会在意呢？这些伟大的作品仍然是长盛不衰，且一直在闪烁着耀眼的光辉。它们所有的瑕疵都被优点遮盖住了，这些瑕疵完全可以被忽略。

同样，在人际交往中，我们往往需要考虑这个人有哪些值得结交的优点，而不是一味地盯着他的不足不放。

在努力确认自己价值的过程中，首先要有勇气承认自己的缺点。当然，你不能以此作为借口来降低自己的标准，任由自己懒散或堕落下去。

第九篇
女人要善待自己

你要知道，在这个世界上根本不存在完美无缺的人，因此没有必要苛求他人达到完美的境界，而苛求自己达到完美境界未免显得自以为是了。

几年前，在一个组织里我就遇到过一位女士，她甚至可以被称为追求完美的典范。她可以不惜代价地追求完美，她把任何事情都要做到尽善尽美。但是，在很多人看来，她做的事很少是成功的，比如她要写一份无足轻重的报告，必须要斟酌几个晚上才能动手修改；她在演讲的时候，也会为了一些无关紧要的问题而无休止地纠缠，直到把听众弄得心烦意乱；她的家中从来不会有不速之客光临；只有事先安排好所有的细节，她才会举办宴会。

这位一味追求完美的太太，把大量的心思花费在了无谓的细枝末节上，任何事情都想做到不差毫厘，因此她失去了许多宝贵的欢乐时光。这样的完美不但不能引起人们的羡慕，反而会引起了他人的反感，真是因小失大、得不偿失。

要求自己不断追求完美，其实是一种近乎冷漠的自欺欺人的行为。这样的人往往不能容忍自己的行为同周围的人一样，他对自己的要求就是，一定要超越其他人，一定要引起别人的瞩目。她们没有把精力和时间放在如何做好事情上，而是用在了如何超越他人上，把自己置于所谓的完美的框架中。在我看来，完美主义者都喜欢过自讨苦吃的日子。所以说，在生活中我们不要对自己过于苛刻，如果能偶尔停下来轻松地自我解嘲一番，说不定你也许就能更看重自己。

有人曾经提出这样一种观点，即给自己每天留出一些独处的时光。在这些时间里，独自享受一些寂寞时刻，这有助于那些太过自我的人舒缓情绪。马里兰州的巴尔的摩谢尔顿精神病学会董事里奥·巴蒂梅尔博士曾经说过："过去，在晚上睡觉之前，人们习惯反省自己当天的所作所为。现在看来，这种方法非常不错，它有利于善待他人和自己。"

如果我们无法忍受自己，就更不要指望别人来忍受我们了。

"如果一个人不能忍受孤独的生活，就不能施展出自己美好的一面，就像被风吹拂的池塘一样，只要风不停歇，它就永远不能平静。"

有一条格言充满了力量，这也是女士们应该信奉的："对偶像我不崇拜，对鬼神也不信奉。我唯一坚信的，就是自己的肉体和精神力量。"女士们应该对自己充满自信，要想让自己兴旺发迹！首先要做好满怀信心的自己，然后才能创造快乐和幸福分享给你的父母、丈夫、子女以及兄弟姐妹。获得真实幸福的唯一途径，就是做完美的自己，尊重自己，做自己命运的救世主。

记住，你才是最重要的。

丢掉烦恼，找寻自己的快乐

一个人的思想可以塑造其性格特征，其命运也往往取决于自己的心理状态。爱默生曾这样说过："一个人本身就是他一直想象的样子，他根本不可能成为另外一个样子。"

现在，可以肯定地说，我们遇到的最大问题，其实也是唯一的问题，就是如何选择自己的思想。罗马时期的哲学家马可·奥勒留曾经说过："生活是由思想构成的。"

确实如此，如果我们的脑子里装满了快乐的事情，那么我们就能够快乐地生活；如果我们心中充满了忧伤，那么我们就只能表现出忧伤来；如果我们的心中充满了恐惧，那么我们就会因此而变得畏惧；如果我们满脑子没有积极的想法，那么我们就不能平静地生活；如果我们头脑中装的全是失败，那么我们就没有胆量去追逐成功；如果我们的心中全是悲哀，那么我们就不会变得快乐。也就是说，我们心中有什么，就会表现出什么样的状态。

这样的结论并不是暗示我们，面对一切问题时，必须坚持盲目的乐观态度。但是，我还是鼓励大家在生活中要尽量抱持积极乐观的态度，而不是采取消极抵抗的态度。也就是说，我们必须高度关注当下面临的问题，但这并不代表因此忧心不已。那么关注与忧虑之间到底有什么区别呢？举一个简单的例子来说，我很在意将要穿越纽约市拥挤堵塞的街道这件事情，但是我并不会因此感到忧虑。在意，是指了解问题的症结所在，然后找出办法去解决，而忧虑则是指没有措施，在原地疯狂转圈找不到出路。

法国作家蒙田的人生座右铭是这样的："一个人因意外事故所受的伤害，远没有他对事故所拥有的见解深刻。"人们对事物的各种见解，往往取决于他们如何做出判断。当你饱受各种烦恼的侵扰而感到紧张不安之时，我要明确地告诉你，你完全可以凭借自己的能力和意志来改变自己的心境。除此之外，我还会告诉你该怎样去做，其实秘诀非常简单，但是这可能要耗费你许多精力。

"行动似乎总是与感觉相伴而行，事实上，行动和感觉是同时发生的。只要我们能够找出被意志控制的行动的规律，那么，我们也就能间接地使那些不受意志控制的感觉形成规律。"实用心理学家的这句话确实很难透彻，我们不妨换一句话加以说明：我们改变自己的情感不应该只靠"下决心"，我们转变情感完全能够通过改变自己的行为来实现，同样，在我们改变行为的同时，也自然而然地能改变感觉。

我们不妨测试一下这种方法的效果。现在，你的脸上就露出一个开心的笑容，然后挺起胸膛，做一个深呼吸，哼一段小曲，你如果不会唱，就吹口哨，这时你会发现，心理学家们的意见是多么的正确。当你的快乐能够用行动表现出来的时候，你的忧虑和颓废都会消失。这也是大自然的基本定理之一，我们的生活无尽的奇迹都是它带来的。

我认识一位加利福尼亚妇女，在这里我无须说出她的名字，如果她能够活到今天，一定能够在一天之内把所有的烦恼解决掉。

我深感遗憾的是，这位女士是一位年老的寡妇，对此，她自己也感到遗憾和不满。可是，难道她不愿意让自己快乐一些吗？如果你问这位太太过得怎样，她肯定会说："哦，还可以。"但是她的脸上和语气里却透着忧伤与难过，种种迹象都似乎在说："哦，要是你遇到我这样的烦恼，就什么都明白了。"她的这种回答，似乎会让你感到，此刻她很讨厌你站在她的面前。

其实有很多女士的境况比这位太太还要糟糕。虽然她们拥有丈夫遗留下来的许多财产，并且她的子女也都成家立业，也能够赡养她，但人们却很少能够看到她们露出微笑。她会埋怨三个女婿不好好待她，可事实上呢，她每次去女儿家都要住上几个月。她还会抱怨女儿们从来不给她送礼物，但她也从来不舍得花钱，她总是说要为自己的未来考虑。

而对于这位不幸的太太的家人而言，她的做法的确不讨人喜欢。其实，事情原本不会发展成现在的样子，她完全可以让自己从一个忧虑、挑剔，且令人反感的老妇人，变成一个值得家人尊重和喜爱的家庭成员，只要她愿意，她很容易就能够做到这一点，而不用再渴求别人的怜悯。她只需要高高兴兴地活着，就能够拥有那样的生活。她应该学会把爱播撒给自己的女儿及女婿，而不是总是对自己的不快和不幸念念不忘。

还有一位女士住在纽约市，她因为孤独而不停地抱怨，所以没有一个亲戚朋友愿意主动接近她。假如有善良的亲戚前去探望她，她就会喋喋不休地讲起从前的事，说她怎样细心地对待自己的侄女，在她们患麻疹、腮腺炎和百日咳的时候，她一直在照顾她们，并且供她们吃住，其中她还资助一位侄女上商业学校，而另一个和她一起生活的侄女，一直在她那里住到出嫁。

那么，她的侄女们来探望过她吗？是的，但也只是为了履行义务偶尔来几次。她们都不敢来探望这位姑姑，对她敬而远之，因为她们每次来都要花费几个小时听这位姑姑不停地说其他人的闲话，还得忍受她那没完没了的埋怨和叹惜。后来，当这位女士再也无法威逼利诱她的侄女们前来看望她的时候，她使出了自己的绝招——心脏病发作。

当然，这位女士并没有患上心脏病，医生检查后，发现她的心脏非常健康。但是医生们对她也没有丝毫办法，因为她的情感出了问题。她需要真正的关爱，这位病人把自己的这种做法称为"感恩报德"，但是她永远也得不到这样的情感，因为她采用了逼迫的手段，并且认为那是她理所当然应该得到的。

像她这样的女人应该还有很多，他们认为别人忘恩负义，故意忽视自己，因此才会生病。她们希望得到别人的爱，但是，在我们这个世界上能得到爱的唯一方法，就是不计回报地付出，而不是乞求。

威廉·詹姆斯说："通常，只要让苦者内心的恐惧变为抗争，生活中大部分所谓邪恶的东西都会转变为大有益处的收获。"

让我们丢掉人生的忧愁，去寻找自己的快乐。我们可以为自己设计每天都能获得幸福的计划，并在生活中感受快乐。其实，早已有人为我们设计好了这份计划书，它叫《只为今天》，它的作者是已故的希贝尔·帕屈吉。我认为如果能执行这个计划书，一定会产生很好的效果，大部分忧虑都会消除掉，并会让自己变得更快乐。当然，我希望与大家共同分享它，我把它复印了几千份，发送给那些需要它的人。我把这份神奇的计划书抄录在下面，让我们一起来感受它的神奇功效吧！

只为今天

只为今天，我要生活得快乐。"只要下定决心，大部分人都能很快乐。"如果林肯说的这句话是正确的，那么说明快乐是发自内心的，而不是外界赋予的。

只为今天，我对周围的一切都会适应的，而不是让外界的事物来适应我。我要用这种态度对待我的家庭、我的事业和我的运气。

只为今天，我要爱护自己的身体。我会多运动，学会照顾自己、珍惜自己，为我日后获取成功奠定良好的基础。

只为今天，我要提升自己的思想和处理问题的能力，绝不去胡思乱想。我要认真思考，集中精力多学习多看书。

只为今天，我要做三件事来打造我的灵魂：我要默默地为别人做一件好事，但不想让对方知道，另外我还要做两件我从来不想做的事，这就像威廉·詹姆斯所建议的那样，目的只是为了锻炼自己的意志。

只为今天，我要做个受人尊敬的人，尽量修饰我的外表，衣着也要尽量得体，说话低声细语，举止优雅，但丝毫不必在意别人的毁誉。坦然接受一切何事，从不挑剔，也不去干涉或批评他人。

只为今天，我不奢望一次性解决所有的问题，而是要试着只考虑如何度过今天。虽然我能持续做一件事情，但我不会这样做一辈子，我知道那样就会拖垮自己。

只为今天，我要按照制订好的计划行事，也许我不会完全照着去做，但我还是要为每一件事制订计划，至少，这样能解决过分仓促和犹豫不决这两个问题。

只为今天，我要把半个钟头的安静留给自己，完全地放松自己。在这半个钟头的时间里，我要为自己祈祷，让我的生命充满希望的光芒。

只为今天，我的心不再充满恐惧，而是要追求快乐，我要去欣赏美丽的大自然，去相信，去爱人。如果想培养平和而快乐的心境，就请记住这条定律：你具有快乐的思想和行为，就一定能够感受到快乐。

如果我们想要拥有无忧无虑的人生，我们就要对自己负责，努力培养自己快乐平和的心境，一定要记住思想决定态度的法则——你的思想和行为是快乐的，你就会拥有快乐的感受。

培养自己的兴趣爱好

如果一名妻子想要成为丈夫的优秀伴侣，那么就需要她培养一些家庭之外的爱好。

如果男人们想快速恢复体力，只要在他喜欢的运动或者事情上花上几分钟时间就能够达到目的，然后以更加充沛的精力去工作。太太们也不妨效仿一下丈夫的做法，去主动参与一些家庭之外的活动，这么做，能让你以更好的心情去完成一些家务情。

有时候，让我们感到疲惫的是千篇一律、乏味和单调的生活，而非繁重的工作。

家庭主妇从事的是十分单调的工作，其实，主妇们有很充裕的时间，她们大部分时光是独处的。很多主妇不是看电视，就是用发呆来打发这些独处时间，倘若能够利用这些空闲时间去参加一些社交活动，会为自己的身心带来极大的益处。她们可以有选择地参加消费者讲习会或是服饰介绍会、音乐会，还可以参加一些慈善机构举办的志愿活动。这些活动既可以让太太们增长一些见识，也能让太太们的观念得到提升。

沃尔克·G·福克纳太太就掌握了安排自己生活的技巧。在她的孩子到学校念书之后，她就拥有了大量的空闲时间，但是她并没有白白浪费这些时间，因为她发现，自己在照顾孩子这方面很有天赋，所以她来到圣鲁克圣公会教堂学校，自愿为那里的幼儿园代课。这位夫人写道：

> 我因为这份工作得到许多惊喜。从前我在家里总是表现得过于严苛，任何细节都不放过。而现在，我不单学会了宽容，也更有爱心了，我现在感到生活很充实。现在我是那些孩子的称职保姆，他们都不愿意离开我。现在，我不但能在星期三晚上陪丈夫去打保龄球，还可以在星期四晚上去参加教堂讨论会，再加上每周我有三天要到学校去上课，因此我的工作总是安排得满满的。

> 我发现，自从参加了这些家庭之外的活动后，我的家庭生活并没有受到任何影响，反而在吃饭的时候，我们有更多话题可以讨论。全家人最幸福的时刻，就是聚在一起共进晚餐，大家边吃边聊各自的心得体会。我曾向大家讲过一个精神病患者的故事，这个人之所以患上这种病，就是因为在他小的时候，他家的餐桌被他的父母毫无顾忌地变成了战场，他们之间有关金钱、利益以及任何一件事情的争论都是在餐桌上进行的。这个孩子因此得了一种怪病，他想把吃下去的东西再吐出来。为了避免我们的家庭也上演这样的悲剧，我们制订了一个规矩，在共进晚餐时，家庭成员只允许聊轻松有趣的话题，不许说不愉快的事情。

> 我的这份工作提升了我的价值理念。我不再像以那样为一些小事发愁，我的心态变得豁达了，我会在有意义的事情上面投入精力。我尝试把自己的家打造成爱的天堂，我要让每一个成员都感到愉快和舒适。

这位太太利用空闲时间做了很有意义的事情，这为她的生活带来很多快乐。同样，在不影响家庭生活的前提下，你也可以找到自己感兴趣的事情，只要你去做了，相信也会对自己有所帮助。

你需要根据自己的专长和喜好去选择要做的工作，这时，你可以静下心来思考一下，因为你感兴趣的事情并不一定要花费你很多金钱，随处都可以发现很多有价值、有意义的事情。假如你找到了自己感兴趣的事情，就可以立刻采取行动，还可以让其他感兴趣的人一起参加。

我的妻子也会时常参加纽约莎士比亚俱乐部举行的一些活动，她说自己在这个俱乐部受益良多。她们在那里经常就一些感兴趣的话题进行探讨，有一些见解让人觉得挺新鲜，在除了讨论牛排的价格之外，这让我和桃乐丝又有了新话题。

我非常喜欢跟别人讨论林肯总统的生平，而桃乐丝则更加崇拜莎士比亚。我们在互相学习、互相探讨对方心目中英雄的过程中，有时候会因为意见不同而发生争执，但是，这种争执却总能为我们带来许多乐趣。假如我们的喜好相同，比如桃乐丝和我都喜欢林肯而对莎士比亚不感兴趣，或者我不关心林肯而像桃乐丝一样喜爱莎士比亚，那么我们就没有兴致进行讨论了。因为喜好不同，我们才能彼此拓宽视野，为对方带来一些有价值的信息和知识。

《婚姻指导》的作者萨姆尔和艾瑟·科林在这本书中写道："夫妻结婚后的生活是非常亲密的，每一件事情他们都要共同去完成，这会让他们的生活变得异常的单调，他们会因为这样的关系陷入烦恼之中。"他们在书中提出的解决办法是这样的："夫妻培养不同的兴趣爱好，可以改进和密切双方关系，使婚姻保持长期的新鲜活力。"

这几句话，是我想要告诉大家的：如果你的婚姻已经像一杯白开水那样淡而无味了，那么就赶紧添加一些调料吧！看看自己有哪些爱好，抓紧时间去参加自己感兴趣的活动，以便更好地陪伴丈夫。

第十篇

好女人的爱情秘方

假如说，上帝创造了我们，那么毫无疑问，上帝在创造女人的时候更用心一些，带着更多的情意，也使用了一些更好的材料。因为，女人是如此的美好，或娴静如水，或微风弱柳。正因为女人的存在，这个世界才显得更加可爱。

懂得加深爱情

纽约市少年家庭董事会的秘书埃希尔·H·怀斯先生是一位出色的社会工作专家，他在麻州社会工作讨论会上这样说道："导致少年犯罪的主要原因之一，是小孩子感受不到关爱。"

我和太太都很认同怀斯的观点。我们曾经在俄克拉荷马州的艾尔·雷诺联邦少年感化院一同授课。在那里，我们深入了解了小孩子们的现状，他们普遍存在的问题就是缺乏关爱。

有一个少年说，他从来没有收到过母亲的来信。他写信告诉母亲自己在这里参加学习的情况，并说现在自己感觉好多了。不久之后，他终于收到了母亲写给他的信，可是他的母亲却在信中说，他适合待在监狱里。

还有另外一个名叫汤米的少年犯，他在孤儿院、管教所以及监狱中度过了长达十来年的时间。这个不幸的孩子说："我最渴望有人关爱我，但是我从来没有得到过这样的爱，也没有人愿意要我，过圣诞节的时候，我从来没有收到过一件礼物。"

可想而知，常常会违法乱纪的孩子，完全是因为缺乏关爱，他们用自己不寻常的行动来弥补缺失的爱，这样的补偿就像一个人极度饥饿，当他猛然看到了一点食物，就会毫不犹豫地吃下去，即使这些食物对身体有害也不会在意。

世界上最好的精神食粮就是爱，因为有爱人们会增添精神力量，爱能维持我们的成长和生存。如果人与人之间没有了爱情，也就没有道德可言，人和动物就没有什么区别。

心理学家高登·W·沃尔波特说："一般说来，即使是普通人也能做出一两件正确不寻常的事情，但是他不会因此认定自己得到了足够多的爱，并且他还会为寻求爱而一直努力。"

爱在人类社会中发挥的作用，如同原子能在战争中所处的地位。爱情的巨大能量往往能产生奇迹，因为有了你的爱，丈夫会为获取成功而不断地努力。如果你是真心爱他，为了他的进步和快乐，就要心甘情愿地去做每一件事。

毫无疑问，这样的爱也会滋养你的子女。保罗·博派诺博士在全国教师家长联谊会中说道："如果我们在教师家庭联谊会上只是谈论怎样促使丈夫和妻子更加恩爱，而完全不去谈论怎样关爱孩子，即使这样也能够让孩子获得幸福。"增进你们的爱情，有利于你们生活的方方面面。

如何增加你们的爱情深度呢？以下一些建议可以供你参考：

1.要时时体现爱心

我的老朋友吉姆不幸去世了。他的太太曾经给我写了一封信，回顾了他们夫妇的许多往事，其中有一件事一直让她耿耿于怀，她从来没有向丈夫表白过自己的爱。如今她想把对丈夫的爱说出来，可是吉姆再也无法听到了，这样的事情多么令人遗憾啊。

懂得向自己的丈夫表达爱意的太太实在不多。鲁易斯·M·特尔曼博士曾经研究过，他在对一千多对夫妇进行调查后得出这样一个结论：丈夫认为妻子不懂得表达爱意，是造成婚姻不和谐的根本原因，它对夫妻情怀所产生的副作用仅次于妻子的唠叨。

大多数情况下，女性们都表现得很能干，她们能镇定自如地应付各种危机，在处理家庭事务上也表现出色。即使当丈夫的事业遇到了挫折，或是他患上了不治之症，甚至他进了牢房，妻子也会表现得如同直布罗陀海峡岸边的岩石一样坚强。

但是，在平淡的生活里，妻子也会变得平淡如水，她好像不会向丈夫表达她的爱情之心，即使她是那么爱他，又那么需要他，她也不会向丈夫诉说自己的爱，也不会告诉他，在自己的心中他占据着多么重要的位置。

据考察，男人和女人最明显的区别，就是很多女性之所以选择结婚，目的是为了拥有安全感，有属于自己的家庭和子女，甚至还有一些人担心成为剩女而结婚。然而，绝大多数的男性选择结婚，是因为他们陷入爱情不能自拔。

绝大多数的妻子都认为女人不如男人强势，所以受到丈夫的呵护是正常的，她需要丈夫的甜言蜜语。但是，那些抱怨丈夫不会对自己甜言蜜语的妻子，也很少向丈夫表示爱意。威廉·波林吉尔博士说过："有些女人总是以自己为中心，她们从来不愿意别人分享自己的爱。"换句话说，妻子经常得到丈夫的甜言蜜语，她也会向丈夫不断地传达爱意。

研究两性关系的专家德罗西·迪克西这样说："许多丈夫平日里粗心大意，他们察觉不到妻子穿上了新买的衣服，既不会赞美妻子，也不愿意表示出爱意，为此，妻子没少埋怨他。与此同时，这些妻子对待自己的丈夫的态度也不热情，所以女人会奇怪，她们的丈夫为什么会称赞别的女士风度翩翩，而对自己的妻子却视而不见？并不是只有女人们容易患上爱情饥渴症，男人也是如此。"

正是因为男士也会患上这类病症，有些女士便要会以此来要挟他们，谋求希望得到的东西。马里兰高等法院曾审判过这样一个案子：有一位太太没能从丈夫那儿得到足够的钱，便不和丈夫说话。法院审议后认为，夫妻不能视爱情为商品，更不能用价格来交换。最终法院判定那位太太败诉。

有人曾经用一个绝妙的比喻来形容夫妻之间的爱情，他说："夫妻双方冷淡的爱情，就像缺乏精神食粮。妻子们必须注意，不是只要有面包男人就能够生存，有时候他也需要甜点，一块撒了糖的蛋糕就是他需要的爱情。"

2.不要斤斤计较

太顽皮的孩子必须严加管教；晚餐很重要，所以一定要有营养，而且还要可口；家里的窗户要干净，光亮照人。某种程度上，很多家庭主妇都成了完美主义者，她们把细节看得过于重要，而忽略了大局。增强爱情的浓度，当发生不希望看到的事情时，也要保持良好的心态，要避免闹得鸡犬不宁，这样才能使你们之间的感情更加牢固。

乔治·吉恩·纳森说："当我走进一个家庭，看到他们的客厅过分整洁，我就知道这个家庭的夫妻的感情一定像他们的客厅那样，机械而又冰冷。

"从另外一种角度看来，能给人一种温馨感受的家庭反倒会略显凌乱，人们能够从中感受到这个家庭存在着温暖的爱情和幸福。我遗憾地发现，真实的爱情无法存在于整洁有序的家庭。必须要承认，一个深爱着丈夫，同时也被丈夫深爱着的女人，不能成为优秀的家庭主妇。"

纳森先生的话或许像单身汉在开玩笑，不免有些夸张，但我们还是能从中体会到一点：那些家庭主妇是不是因为显得过于紧张，才会过分追求完美？好的妻子应该展现出包容的胸襟，不要事事计较，不会只盯着一棵树，而忽视了整个森林。

3.具备宽广的胸怀

两个相爱的人携手走进婚姻的殿堂，是世界上最美好的事情。

但是爱神远没有结束对你们的考验。慷慨的给予和奉献才能体现真正的爱情，在一些重大事情上，很多妻子都能做出让步，却总是忍不住斤斤计较那些小事。她们对丈夫的前任女友总是耿耿于怀，在丈夫无意间提起了这位前女友的时候，妻子的神经就会显得格外紧张。在这时候，一个优秀的妻子应该尽量地去赞美那个女人，而不是酸溜溜地刻意嘲讽人家，这样会显得你心胸太狭窄了。

我的父亲在与母亲结婚前，曾经和一位美丽的红发女士相处过一段时间。对那位女士的美貌，我的母亲总是发自内心地给予赞美，我父亲听到之后，总是表现出一副无所谓的样子，但心里却在窃喜。其实父亲最爱母亲，但是让他高兴的是，母亲夸他的眼光好。

4.对丈夫也要表达谢意

如果丈夫为了让你度过一个愉快的夜晚，特意带你到戏院去看戏，或者为了取悦你，又送给你一束美丽的鲜花。那么，妻子在这时候向丈夫表达谢意是完全应该的。

如果妻子总是认为，丈夫做的这些事情是理所当然的，那么接下来她就会感到伤心了。因为丈夫不再做取悦她的那些事情。妻子们并不知道，有时候很多微不足道的小事是丈夫特意为她做的，只是太太没有把它当作一回事。珍妮就是这样的妻子，认为丈夫从来不分担家务，从来也没为孩子换过尿布，甚至都没为她倒过一杯水。但是，当有一年夏天丈夫去了欧洲，他们分居了一段时间之后，她才惊讶地发现：其实丈夫每天都会做很多事情，但是她却从来没有感觉到，也没想过感谢他。当她一个人去做这些事情的时候，她才认定这个事实，珍妮不禁为以前的想法感到羞愧。

5.要互相体谅和关怀

如果妻子深爱丈夫，她就会满足丈夫的要求，丈夫结束一天的工作，回到家后，想要休息一会儿，那么妻子就不应该穿戴整齐地去外面会见朋友。

我的妻子也是经过了一段时间的努力才做到了这一点。在刚结婚的时候，我们准备去俄克拉荷马州度蜜月。那时，桃乐丝很期待美国传统的蜜月之旅，她对温暖的烛光、悠扬的小提琴声等这些浪漫的气氛和情调憧憬不已，也向我表达了她的快乐幻想。可是，后来却出现了意外，我到那里后便开始做演讲，大部分时间我都在和委员会的成员们坐在一起，一边商讨赞助的事情，一边准备自己的演讲稿，忙得不可开交，结果可想而知。

作为新娘的桃乐丝，只能在宾馆孤独地欣赏婚纱。那时的我实在是太忙了，连和桃乐丝见面都需要与助理商量时间。在我们相处的短暂时间里，桃乐丝向我表达了她所有的不满和愤怒。我知道她的愤怒不无道理，因为这毕竟是我们的蜜月之旅。因此，我很理解她，在那段时间里，我也极力地安抚她。后来，桃乐丝很感谢我当时没有让她收拾东西回到她妈妈身边，我的理解和关怀，把她由一个任性的孩子改变成为一个成熟的妻子。

也许有的妻子认为自己的奉献没有得到回报，对此她们一直心有不甘。不禁要问，如果女人为自己的丈夫奉献了一生，那丈夫会因此而感激她吗？我敢向你保证，他们一定会感激的，只是时间早晚的问题。

华为克·C·安格斯先生说："上帝让她选择了我，我是如此的幸运。假如重回二十年前，即使我完全不知道现在的一切，只要她愿意，我还是会选择和她结婚，并永远在一起。我能够回报她的，就是让她知道，我之所以有现在的成就，就是因为有她的陪伴。"

这些话也是每一个得到妻子关心的丈夫的肺腑之言。确凿无疑的是，一个妻子甘愿为丈夫努力付出，她就一定会得到丈夫的爱。

假如你赋予了丈夫宁静与幸福，那么他就拥有了更多的机会为你带来更好、更幸福的生活。没有成功的爱情，就不能获得生活与事业上的成功，没有爱情作为基础，财富和权势无异于废物。

学会成熟的爱

在这个世界上，人们使用最频繁和谈论最多的词是"爱"。爱是世界上最高明的一件事情，它不但是艺术家们创作的灵感源泉，也是婚姻幸福和家庭美满的根基。如果一个人失去爱，或者缺乏相应的爱，那么他不会有完整的人格。爱决定着人格能否健康地发展。

但是，很多人对爱都存在狭隘、偏颇的理解，长久以来，总是把爱和家庭或者性关系联系在一起，或者与占有、自负、纵容、依赖相结合。把"爱"定性为一门严肃的学科，是最近才发生的事情。大量的社会学家、心理学家以及医生在对这一课题进行研究时，都投入了大量的时间和精力，他们把"爱"理解为人类的基本需求，认为爱是促进人类发展的力量和源泉。而我现在要做的，就是对传统意义上"爱"的定义进行修正和重新解读。

劳洛·梅尹博士在他的新书《人的自我追求》中说："衡量一个人的人格是否完备的标准，是看他是否能够接受爱和付出爱。但是，能够达到这样的标准的人并不多，大部分人对爱的理解既暧昧又幼稚。" 我认同这位博士的观点，真正的爱应该是成熟的，而且是深刻的。

只有先弄清楚什么才是爱，我们才能理解爱是如何促进人性发展的。首先，爱不仅仅是电影镜头中经常出现的男女约会的场面，也不是玫瑰加香槟、牛排加小提琴的浪漫故事，更不是作家笔下关于性侵犯的激情。这些"爱"都不真实，它只是折射出人们的心理欲望。

有一些父母在如何对待自己孩子的问题上，也存在着错误观念。他们用"爱"来放纵孩子，宠溺孩子，这样做并不能给孩子的成长带来一丝好处。位于纽约杜布斯伯克的儿童村，致力于解决和指导有问题的儿童。该机构的负责人哈罗德·P·史泰龙说："我们每天都要解决几起由于父母的放纵和溺爱，而导致孩子惹麻烦的案件。这些父母弄混了'爱'与'姑息'的关系。"

像耶稣所说的"爱邻如爱己"，这样的爱才是成熟的爱。也像柏拉图在《对话录》中所阐释的那样："爱从对一个人的关心开始，延伸到全人类及整个宇宙。"无论是父母与子女之间，夫妻之间，还是个人与整个人类社会之间，爱的构成完全相同。爱有助于人的成长，人的某些人格被爱所肯定，促进人的成长。

我认识这样一对夫妇，他们不满意女儿的婚姻，因为她女儿的丈夫住在很远的地方。因此这位母亲内心充满了忧伤："詹妮为什么不找本地的小伙子结婚呢？我们分离那么远，无法经常见面。我们辛辛苦苦地将她抚养成人，她对我们怎么能这样！难道我们两个还没有那个千里之外的男人重要吗？"

当我告诉她，这样的怨恨都是因为母亲不爱女儿，她一定会对这种说法大吃一惊。是的，这位母亲混淆了"爱"与"占有"，以及"自我满足"的定义。

爱就像是握在手中的风筝线，不管风筝飞得多高，两端永远都被那根线连接着。因此，真正的爱不是把自己所爱的人握在手里，而是在适当的时候放手让他高飞。一个成熟的人不会去占有任何人的感情，而是让所爱的人得到自由，就如同让自己获得自由一样。

作家普瑞西拉·罗伯逊对"爱"是这样解释的：爱，是为了他，而不是为了自己，包含了给你爱的人需要的东西，想想别人是怎样将你需要的东西送给你的就会明白；爱，包含着给予孩子们应有的独立，而不是将那种"家长作风"式的剥削和专制施加给孩子；爱，包含了各种性关系，但这并不是自负地利用青春期狂乱追求。

爱还包含着善良，包含了对全人类的关怀；绝不是在一个人需要面包的时候，投给他石头，也不是在他需要理解的时候给他面包。

我们知道有很多自作聪明的"善心人"，他们总是硬塞给我们一些不想要的东西，而我们真正需要的东西他却不给我们。我认为，这种人的行为不应该算作爱心；心理学家也会赞同我下面的观点，那就是他们所谓的"爱心"体现出来的其实是敌意。

要想展现出爱，就必须关心所爱的人，尊重他的个性，允许他自由地发展自己的个性，为他们创造自由的环境。这些都是成熟的爱应有的要素。爱一个人就是为他提供健康的土壤、空气以及水分。

有时候人们会把"嫉妒"和"爱"相互混淆。实际上，"嫉妒"是人们缺乏激发情爱能力的结果，"嫉妒"是渴望占有和驾驭他人的表现。假如人们学会用付出来取代这种占有欲，那我们就能甩掉嫉妒，学会去爱。

一位优秀的女士，心中必有成熟的爱。她会因为这种爱而得到幸福。我有这样一位女学员，和大多数人一样，她起初并不了解爱的真谛，但是经过不断努力和学习，终于克服了心中的嫉妒，也学会了如何去爱别人。

这位女士在课堂上讲述了她的经历：

我在多年前就陷入了嫉妒的深渊，那时，我总是感到痛苦不堪，担心丈夫不再爱我，虽然他没有做过任何对不起我的事情，而且我也没有发现他要离开我的任何迹象。但是我总是想，如果能找到一些证据，也许我的痛苦就会减轻一些，那样的话，我就不必整天恐惧和担心了，我简直到了神经质的地步。我做的事情许多显得极其可笑，比如，我会偷偷翻看丈夫的皮夹，检查他汽车烟灰缸里有没有可疑的东西。不单是这样，我还会在夜晚忍不住哭泣，到了第二天早上，我又要重新开始猜疑。

一天，我突然在镜子里看到了不一样的自己，简直让我认不出来了，里面那个头发乱糟糟、脸色阴沉的人就是我？我感到有些恐怖，也有些令人讨厌，我的衣服像套在扫帚把上的布袋子！

就在那个刹那间，我开始反思，我决定不能再这样下去了！我首先和自己说，我的担心是多余的，我的先生没有做错任何事情。是我自己出现了问题。如果我不改变，就只能去住精神病院了。

我开始制订重新振作起来的计划，先从改变仪表开始，我减少了做家务的时间，并改变自己的扫帚头形象。还要每天保持足量的休息，用来恢复体重，因为那时我的身体状态实在差劲，可以用骨瘦如柴来形容。等到我的身体恢复到正常的状态，我便尝试去做推销化妆品的工作，希望把自己的注意力投入到工作中去。这时，不仅是我的外表发生了变化，我的心态也逐渐平和起来。也逐渐没有了担心和恐惧。

我的丈夫看到我的改变很高兴，他也积极配合我的行动，这更加深了我们之间的感情。这样一来，我原来浪费在嫉妒上的那些精力，全都用在了工作上，因此，丈夫也更加喜欢我这个不再嫉妒的妻子了。

这位女学员在明白了爱的道理之后，让自己走出了生活的阴影，重新获得了爱，同时也具备了爱别人的能力，让家庭变得更加稳固和安宁。

当一个人心中充满了嫉妒、占有欲和支配欲等消极情感时，就会削弱爱的能力。这就像任由野草在花园中疯长而不加以清理，最终导致野草侵蚀所有鲜花并将其淹没。

　　家庭中发生的许多悲剧，一般都是由于我们以"爱"的名义伤害家庭成员的结果，虽然我们的本意并非如此。苛刻的父母会强调说，他们所做的一切都是为了孩子好；溺爱孩子的父母会辩解说，他们的目的是想让孩子过得更好。下面这个动人的故事，是俄亥俄州哥伦布城的S.F.艾伦夫人为我们讲述的。

　　艾伦夫人和丈夫几年前决定离婚，她面临着独自抚养两个孩子的重任。刚开始，她无法承受这一切，整个人都快要垮掉了，艾伦夫人觉得，最好的教育方式就是严厉地管教。

　　艾伦夫人就这样独断专横地管教她的两个孩子，她从来不听他们的解释，更不会采纳孩子的意见，不管什么事，都由她做主。她规定孩子们在什么时间应该做什么，不给孩子们独立思考的机会。孩子们只能遵从艾伦定下的规则，说那时的艾伦是孩子们的军事教官一点也不夸张。

　　"我发现，家中出现的变化有些微妙，孩子们开始躲着我，甚至不愿意与我交谈。他们害怕我，起初我对这种情绪无法理解，对孩子们害怕自己的母亲还会感到奇怪。"艾伦这样说道。

　　当这种情形持续恶化的时候，艾伦夫人也开始反省自己的行为。

　　"我忽然意识到，自己这样做并不是在教育孩子，而是把离婚的压力转移到了孩子身上。你应该能够知道，当我得出了这个结论时，内心该有多么震惊。在无形之中，我令孩子们承担了我的痛苦，所以孩子们会逃避他们的母亲。"

　　艾伦夫人继续说道：

　　"知道了事情的真相之后，我便开始努力消除强加在孩子们身上的压力。我一面祈求上帝，一面努力用更好的方法教育孩子。首先我不再把他们作为自己的出气筒，而是尽量少做一些家务，抽些时间多和孩子们相处，和他们一起玩耍。我也不再直接命令他们，而是在一旁加以指导。

"努力一段时间后，我缓和了自己的心情，我们家中又重新响起了欢声笑语。爱、亲情与幸福，都重新回到我和孩子们的身上。我们的关系又变得和谐起来，并且更加牢固。我在这样的环境中，也能把更多的精力投入到工作中，更重要的是，孩子们能够健康地成长。"

这位女士离婚后，不仅学会了如何去爱自己的孩子，还懂得应该如何用爱去捋顺家庭关系。

爱的能力如何，不仅决定了家庭成员之间的亲密程度，也决定了他在社会生活中与他人的关系。我们对工作、朋友、同事以及对整个世界的态度，很多时候都直接关系到我们对家人的态度和付出。

如果你希望一生过得幸福如意，一定要拥有爱的观念，而且必须学会与人和谐相处。

懂得微笑的价值

最近，我在纽约的一场宴会上认识了一位女士。这位女士继承了大量遗产，可能是想给别人留下好印象，她花了大量金钱搜寻各地奢侈品，从名贵的貂皮大衣到昂贵的珠宝首饰，她穿戴的饰物非常昂贵。

在别人羡慕这位女士拥有如此多的财富的同时，我却从中发现了一个问题：除了这些装饰品，这位女士根本不知道如何打扮自己，尖酸刻薄和自私总是写在她的脸上。纵使有再多的钻石珠宝，也无法让她焕发出光彩。她肯定不清楚男人们真正想要的是什么。

女士身上穿戴的饰物远没有她的气质重要，她的微笑比她的貂皮大衣更具价值，她眼光中透出的善良也比脖子上的钻石项链更加夺目。顺便说一句，如果你的妻子想让你为她买一件貂皮大衣，那么你要把这句话送给她。

史瓦波先生曾经对我说，他已经是一个百万富翁了，因为他的微笑就值一百万美元。的确是这样，史瓦波先生认为微笑就是成功的法宝。史瓦波的性格魅力在于，他有能力让人高兴起来，这是他一路奔向成功的法宝。而微笑也是他个性中最迷人、最重要的部分。他的笑容打动了每一个人。

微笑会让人感到你的友善，会让对方理解你真挚的感情。当你微笑着说出"我喜欢你，与你在一起很高兴"这句话时，我想任何人都会被这种温柔所熏陶。想想家里的那只小狗吧，它是那样讨人喜爱，我们刚打开房门，它就会迎面扑上来，看到它那兴奋的样子，我们也会感到很高兴，并且会意识到，我们对它来说该有多么重要，所以我们更愿意接近它。

密歇根大学心理学教授詹姆斯·麦克奈尔对微笑有着自己独到的看法："如果一个人脸上常常带着微笑，那么他在管理、推销以及教育事业中就能获得人们的信任，并最终取得成功。相比愁眉苦脸的表情，笑容更容易传情达意。这也就很好地说明了，为什么越来越多的人提倡，用鼓励和微笑来取代责骂和体罚了。"

纽约一家大百货商店的人事经理也说过："我雇用人的时候，宁愿找一位脸上洋溢着阳光般笑容而没有受过教育的女孩，也不愿意聘用一位冷冰冰的、脸上没有笑容的女博士。"

我们不能一眼就看透人的本质，所以在很多时候，我们也无法分辨那个人脸上挂着的微笑到底是出于何种意图。但是我们不能否认笑容所产生的巨大影响力。全美最具有影响力的美国电话电报公司，有一个名叫"声音的威力"栏目，为电话使用者们提供了免费通话服务，以便推销公司的一些商品和服务。在这个栏目中，公司要求员工在打电话时要面带微笑，这说明通过声音也可以传达笑容。

我曾经这样建议前来参加培训班的一些商界学员，让他们花上一个星期的时间，微笑面对遇到的每一个人。一个星期之后，大家再次来到培训班，我便向他们询问这件事，想知道他们究竟有怎样的感受。纽约证券交易所的威廉·史丹哈德给我写了一封信，详细阐述了他的感受：

　　我和妻子结婚已经近二十个年头，我这个人一向比较严肃，一天当中都很少对妻子露出微笑。我知道在百老汇的匆匆行人当中，自己是脾气最坏的一个。

我也很想改变这样的性格，所以我采纳了您的建议，开始了为期一周的微笑生活。起初，我认为自己不会取得成功，很可能都坚持不了一天。我在那天早上梳头时，看到了镜子中自己阴沉而严肃的面孔，于是便暗暗对自己说："威廉，今天要做一个全新的自己，扫掉脸上的愁云，从现在开始微笑！"然后我走出去，坐到餐桌前，面带着微笑对妻子说："亲爱的，早上好，我们吃早餐吧！"

我的妻子被我的表现惊呆了。我记得您提醒过我们，当我们这样做时，周围的人会对我们的变化感到惊讶，但是，她的反应还是出乎我的意料。我告诉她，在之后的一周里，我会让她每天都看到我的笑容。做了这样的说明之后，我便一直坚持这样做，居然坚持到现在。对我来说，这真是有些不可思议。在这两个月中，我们获得的快乐，比过去两年得到的快乐还要多。

不仅如此，即使在办公室遇到同事，我也会微笑着向对方表示问候。慢慢地，我和每一个人都这样打招呼，微笑面对看门的人及地铁售票处的服务员，我还会对交易所大厅中的陌生人报以微笑。不久，我就发现，身边的人也开始微笑着看我。我不再像以前那样恼怒地对待那些冲我发牢骚的人，而是和颜悦色地面对他们。每当我对他们微笑时，他们就不再对我发牢骚了，问题也随之得以解决。微笑给我带来了巨大的改变，它成了我的一笔宝贵的精神财富。

我和另一个经纪人共用一间办公室。因为我对现在的进步很满意，所以向这位经纪人谈了这期间的心得。这位经纪人说，开始与我共用一间办公室的时候，看到我整天阴沉着脸，还以为我是一个郁闷忧愁的人。直到最近，他才感受到我的变化，他说，当我微笑的时候，他感到很温暖。现在我们成了无话不谈的好朋友。

不仅如此，我发生的变化是多方面的。我过去动不动就会批评人，而现在我学会了欣赏和赞美别人。我不再只考虑自己的要求，也能站在别人的立场去思考问题。因为这些变化，我的生活也变得更加美好。现在我感到很快乐，也很充实，更重要的是，我还赢得了许多人的友谊。

我可以告诉你，有上百人按照我的建议去做了，他们的感受都和威廉一样。我要告诉大家，威廉饱经人情世故，作为经纪人经常与各种各样的人打交道，他在纽约证券交易所工作得十分出色。要知道，证券交易是竞争十分激烈的行业，据说在那里工作的人失业率高达百分之九十，要想在那里站住脚可不是件容易的事。

听到这里，你还不想去展示自己的微笑吗？我们应该怎样开始尝试呢？一个人即使很久没有微笑，想再次微笑也不是什么难事，你可以尝试如下两种方法：第一，强迫自己微笑，渐渐地，你便能够顺畅地进入微笑状态；第二，在你独处的时候，不妨吹吹口哨，或是哼些小曲来调节心情。

在炎热的夏天，那些流着汗水、日薪只有几美分的工人所展现的笑颜，和那些在公园悠闲散步的富翁的笑容具有同等的价值。

有一次，在纽约长岛火车站的台阶上，我遇到了三四十个残疾儿童，当时他们挂着拐杖在吃力地上台阶，其中有个已经没办法自己行走的小男孩，只能由别人抱着移动。但是，他们每个人的脸上都绽放着笑容。周围的许多人像我一样都沉浸在孩子们那阳光般的笑容里。我觉得应该向这群可爱的孩子们表达敬意，他们为我们上了一堂生动的课，我永远也不能忘掉他们的笑容。

玛利亚在一家公司担任主管，因为她独享一间办公室，所以她的烦恼也随之产生，每当她听到办公室的其他同事欢笑着聊天时，心里就非常羡慕。甚至在上班的第一天，经过办公室的大厅时，她都不好意思与大家打招呼，只能害羞地别过头去。几个星期之后，她认为自己必须要做出改变。于是，玛利亚走过去倒水的时候，脸上总是呈现出迷人的笑容，并且，她向每一个人打招呼。这样做产生了明显的效果，别人也向她报以微笑。以前，在玛利亚看来比较暗淡的过道，现在因为大家的笑容也变得宽敞明亮起来。

玛利亚的微笑还改变了她的工作环境，她与同事的关系变得越来越融洽，她因此结识了一些朋友。她感到自己的生活和工作都变得更加愉快而有趣了。

阿尔伯特·哈伯德曾经提出过睿智的忠告，让我们再来细细品味一下吧。但是我要说，除非你去实践它，如果只停留在阅读层面，它是无法发挥作用的：

你每次出去的时候，都要收紧下巴，挺胸昂首，还要深呼吸；沐浴在阳光下，对每一个人微笑着打招呼，每次都要用力握手。

不要怕被误解，不要在仇敌的身上浪费时间。要明确你心中喜欢的是什么，然后向着目标大步迈进。随着时光的流逝，你会在不知不觉中抓住一些机会，你的愿望也会因此实现。

你要把自己想象成你希望成为的那个人，他有能力、诚恳、有作为……思想具有无与伦比的影响力，必须树立正确的人生观，并持着勇敢、诚实、愉悦的态度。

正确的思想本身是具有创造力的，所有的成功都来源于希望，真诚的祈祷会得到应验。我们内心希望什么，就能得到什么。

因此，请缩紧你的下巴，昂起你的头。我们就是明天的上帝。

懂得不断学习

1956年2月，《纽约时报》刊登了一篇对伊萨克·普莱斯勒的专访文章。普莱斯勒究竟何许人，《纽约时报》竟然花费这么多的笔墨来叙述他的事迹？

说起来也很简单，普莱斯勒先生只是一家百货公司的销售员。但是他对售货的工作并不满足，因此他走进了夜校，花费四年时间学完了高中课程。后来又来到布鲁克林学院夜校学习，并且准备学完大学课程后继续攻读法律。

在普莱斯勒读大学一年级的时候，他在《什么是快乐》的论文中写道："我最大的梦想和快乐所在，就是获得高中学历，进入大学，然后期待做一名律师。这样的期待能增添我内心的快乐。能否用五年或更多时间完成大学课程，这取决于我努力的程度。完成大学课程之后，我还要学习五年法律。"

我要告诉你，这个计划如果是一个年轻人制订的，那么这个年轻人一定很有抱负。但你要知道，普莱斯勒先生是在过完六十大寿之后，才决定上大学的，这时你有什么想法呢？这就是《纽约时报》采访他的原因。对于一个成熟的人来说，学习是一种乐趣，而这样的快乐任何年龄段的人都能够体会。

A·劳伦斯·罗威尔博士曾经是哈佛大学校长，他说："大学教育以及一些教育培训机构，能提供给我们的只是如何帮助自己的方法，而自我的帮助，是我们必须要学会的。学习，不仅是你年轻时要做的事情，而且是应该贯穿一生的。可以说，学习是内心的需要，学习也是一个扩充心灵、促进自身发展的过程。"因此，学习不应该只局限在教室内的课堂上。

在这一点上我们一旦达成了共识，之后无论处于生命中的哪个阶段，或是在任何一个地方，我们都能够进行自我教育和自我完善了，而我相信这一定会给你带来非同寻常的体验。我认为任何投资都比不上这样随时随地获取知识。

我最崇敬和敬佩的人，是美国人都喜欢的新闻评论员罗威尔的父亲——罗威尔·托马斯博士。他是一位绅士，具有很高的文化素养，为人睿智、博闻强识、热爱钻研。另一位博士诺曼·文森·皮尔同样知识渊博，他是这样评价托马斯博士的：

> 我结识托马斯博士的时候，他已经上了年纪。他当时患有疾病，身体已经衰老，但是他的心却不见衰老，还是像年轻时那样睿智而深远。当我们礼节性地寒暄后，他就拉住着我的手，表示想听听我对亨利八世的看法。我很惊讶他会提出这样的问题，但我还是坦诚地和他说，我对这位君王不是很了解。托马斯博士接着说，他目前有兴趣了解这位君王，并且经过研究后发现，史学家对这位君王存在许多偏见和误解，接着他谈了自己的看法。当时我在想，虽然托马斯博士的身体已经开始衰老，但是他那颗年轻的心灵却穿越了好几个世纪，并且仍然在知识的海洋中游弋。

心在人体的所有器官中，发挥极其重要的作用，我们如果能够勤于滋养并善于利用，它就会保持健康状态并发挥出非常大的功效，但是如果我们疏于管理又不能有效利用，很有可能它会发育不良并逐渐退化萎缩。

同时也要注意，我们不单要对心灵施加教育，还要学会妥善应用它。我们抱着极大的热情去参加的一些读书俱乐部及演讲会，或者去听一些专业人士的演说，这些活动只能当作人们日常交流时的谈资，除此之外，谈不上什么深远的意义。就像是你的带有文化色彩的外衣，这件文化外衣与你平日里休息时穿的外衣没有多大差别，你可以随时更换。而我们的心灵在这件文化外衣的笼罩之下，也不可能有所成长。唯有用知识浇灌我们的心灵，才能够给予它营养。

有一天，有位女士向我寻求帮助。看到她那沮丧的神情，我猜想，她肯定是遇到了烦心的事情。果然，她把自己的苦衷讲了出来：

"我的丈夫事业比较成功，他是一家大公司的经理，有广泛的兴趣和很高的文化修养。我越来越感到自己配不上他了。我没有什么兴趣爱好，不像丈夫那样懂得欣赏音乐，我也不会画画。我有一大堆的家务活要做，没有时间去培养这些兴趣。孩子们接连出生，而我根本没有时间去学习丈夫喜欢的那些文化和艺术。我能看出来，丈夫已经开始厌倦我了，可是这能怪我吗？就是因为我和他，以及他们那些知识分子朋友谈不出兴趣？"

看得出来这位女士真的很烦恼。听完她的讲述，我并没有安慰她，而是向她抛出了一个严肃的问题："你的孩子现在都已成家立业了，那么你的闲暇时间是如何安排的呢？"这位夫人坦诚地说出了自己目前的状况：除了和朋友一起打桥牌，就是看电影或者看小说。

显然，这位女士没有努力来改善自己的处境。其实她有很多时间和机会，但是却不想培养任何兴趣爱好，而愿意在打桥牌或者看电影上花费时间，这也难怪她跟不上丈夫的步伐。

那些不努力寻求进步的人，终将成为这个世界的落伍者。他们只会抱怨时间太迟或者太短，把"老年"当作自己努力的终结点。其实他们没明白，如果一个人渴望获得知识，生命对他来说就是一场精神之旅，并且没有终点。

乔治·盖普罗是美国舆论调查机构的创始人，并担任罗德奖学金新泽西委员会主席，他说过这样的话："很多人在学校获得文凭后，就不会再继续学习了。他们满足于接受过的教育水平。实际上，学习应该成为持续不断的过程，从出生到死亡都不能停顿。"

很多人认为，只要接受过大学教育就足够了。其实，大学只是为我们提供学习机会的场所。不管学校的教育有多么完善，你都应该明白"活到老学到老"对人生的重要意义，只有不断学习，心灵才能得到不断充实，晚年才能免受孤独与寂寞之苦。而那些没有接受过大学教育，或者没有上过夜校的人，自学就是他们进步的唯一途径。

书籍是人类的精神结晶，蕴含着伟大的思想。在人类浩瀚的历史上，涌现出很多杰出人物，我们无法一一认识这些伟人，但是通过书籍可以了解他们以及他们所处的时代。在书中，可以和苏格拉底散步，一同探讨形而上的哲学问题；或是在书中和雪莱一起做梦，幻化出美妙的诗篇；也可以在书中与萧伯纳争辩，体会他的睿智；在书中你甚至会遇到马克·吐温，和他一同开怀大笑。我们如此地渴望与这些伟人进行心灵交流。要想实现这种愿望其实也很简单，只需走进任何一座图书馆就可以了。

在图书馆里，你可以拿起一本《俄国文学史》，那么你就能踏上俄国这块神奇的土地。在那片土地上，你可以与陀思妥耶夫斯基、屠格涅夫和托尔斯泰这些杰出人物见面，他们会为你展现一个从内部开始腐朽的国家，他们还会为你讲述腐败的种子从发芽到最终开出艳丽革命之花的过程。阅读这些杰作，我们就会知道有很多建设性经验值得借鉴！

当你准备开启一次阅读之旅时，请不要在意该遵守怎样的阅读顺序。我一直不喜欢制订什么阅读计划。你只要随手翻开一本书，就会发现意外惊喜。如同一个人第一次出国旅游，他虽然没有在古老的王国中畅游的计划，但是当他来到希腊或埃及时，注视着雅典娜女神像及雄伟的金字塔，心情更容易变得愉悦，也更容易产生感悟和灵感。如果我们想拓宽视野，最好去开发自己对音乐、美术、戏剧等方面的兴趣，这种方法非常有效。

我对亚伯拉罕·林肯有过多年的研究，这位总统的经历让我产生了极大兴趣，我甚至还专门写过一本他的传记。尽管我没有从这本书中获得任何经济收入，但我在创作这本书的过程中，收获了很多知识，至少让自己变得更完善，也更快乐，这种收获才是最宝贵的。

女人一生中要做的事情实在很多，每个人的时间都是宝贵的。但是如果女士们想要成为一个成熟的人，并永远保持住个人的魅力，那么，从现在开始，就丢掉没时间学习的借口，重新开始你们的学习之旅吧。即使你们在一年年衰老，红润的面庞不断出现皱纹，轻盈的脚步变得越来越迟缓，即使将要面临死亡，身边的朋友和亲人不断地离开，但是始终要记住，你们完全可以用引人入胜的兴趣来充实和滋润心灵的田园。

当我们不再感到寂寞和无聊，那是因为我们的心灵得到了足够的滋养，而且会更加地喜欢自己。